10
1964

Faserforschung und Textiltechnik

WISSENSCHAFTLICH-TECHNISCHE ZEITSCHRIFT
FÜR DIE CHEMIEFASER- UND TEXTILINDUSTRIE

BEGRÜNDET VON
ERICH CORRENS UND WALTER FRENZEL

HERAUSGEGEBEN VON ERICH CORRENS –
WOLFGANG BOBETH – HANS BÖHRINGER – HERMANN KLARE

AKADEMIE-VERLAG BERLIN

Faserforsch. u. Textiltechn. · 15. Jahrg. · Heft 10 · Seiten 451–510 · Berlin im Oktober 1964

AUS DEM INHALT

Faserforschung und Textiltechnik

10
1964

WISSENSCHAFTLICH-TECHNISCHE ZEITSCHRIFT FÜR DIE CHEMIEFASER- UND TEXTILINDUSTRIE

BEGRÜNDET VON
ERICH CORRENS UND WALTER FRENZEL

HERAUSGEGEBEN VON E. CORRENS – W. BOBETH – H. BÖHRINGER – H. KLARE

SCHRIFTLEITER J. BRÄMER

INHALT

Die Zeitschrift „Faserforschung und Textiltechnik" erscheint monatlich in Heften zu 48 Textseiten im Format A 4. Der Preis für das Einzelheft beträgt MDN 9,–, für den Vierteljahrbezug MDN 27,– zuzügl. Bestellgeld. Die Berechnung erfolgt zu Beginn eines Vierteljahrs für 3 Hefte. Bestellungen aus dem Gebiet der Deutschen Demokratischen Republik an ein Postamt, eine Buchhandlung oder den Verlag, aus der Deutschen Bundesrepublik an eine Buchhandlung oder die Auslieferungsstelle Kunst und Wissen. Erich Bieber, Stuttgart S, Wilhelmstraße 4–6, aus dem Ausland an eine Importbuchhandlung, den Deutschen Buch-Export und -Import, GmbH., Leipzig C 1, Postschließfach 276, oder den Akademie-Verlag GmbH., Berlin W 8, Leipziger Str. 3–4 (Fernruf: 220441; Telex-Nr. 011773; Postscheckkonto 35021) erbeten. Bestellnummer dieses Heftes: 1014/15/10. Alleinige Anzeigenannahme DEWAG-WERBUNG, Berlin C 2, Rosenthaler Str. 28/31, und alle DEWAG-Betriebe in den Bezirksstädten der DDR.
Bestellungen in der UdSSR nehmen entgegen: Städtische Abteilungen von „SOJUZPECHATJ" bzw. Postämter und Postkontore.
Herausgeber und verantwortlich für den Inhalt: Prof. Dr. Erich Correns, Institut für Faserstoff-Forschung der Deutschen Akademie der Wissenschaften zu Berlin. Teltow-Seehof, Fernruf: Teltow 4431; Prof. Dr.-Ing. habil. Wolfgang Bobeth, Institut für Technologie der Fasern der Deutschen Akademie der Wissenschaften zu Berlin. Dresden A 1, Hohe Str. 6, Fernruf: Dresden 44721: Prof. Dr.-Ing. Hans Böhringer, Institut für Textiltechnologie der Chemiefasern Rudolstadt. Fernruf: Rudolstadt 2031; Prof. Dr. Hermann Klare, Institut für Faserstoff-Forschung der Deutschen Akademie der Wissenschaften zu Berlin, Teltow-Seehof, Fernruf: Teltow 4431. Schriftleiter: Joachim Brämer, Teltow-Seehof, Kantstr. 55. Verlag: Akademie-Verlag GmbH., Berlin W 8, Leipziger Str. 3–4. Satz und Druck: Druckhaus „Maxim Gorki", Altenburg. – Veröffentlicht unter der Lizenznummer 1280 des Presseamtes beim Vorsitzenden des Ministerrates der Deutschen Demokratischen Republik.
Manuskriptsendungen von chemischen Beiträgen sind an die Herren Prof. Dr. Correns oder Prof. Dr. Klare, von technologischen Beiträgen an die Herren Prof. Dr. Bobeth oder Prof. Dr. Böhringer zu richten. Für Inhalt und Form gelten die „Richtlinien für die Annahme und Abfassung von Beiträgen", erhältlich von der Schriftleitung. Die Verfasser größerer wissenschaftlicher Arbeiten erhalten außer dem Honorar ein Heft und 50 Sonderdrucke ihrer Arbeit unentgeltlich.

Faserforschung und Textiltechnik

WISSENSCHAFTLICH-TECHNISCHE ZEITSCHRIFT FÜR DIE CHEMIEFASER- UND TEXTILINDUSTRIE

Band 15 | Oktober 1964 | Heft 10

Zur Prüffiltration und Teilchenzählung an Viskosespinnlösungen[1]

Burkart Philipp und Harry Schleicher

Deutsche Akademie der Wissenschaften zu Berlin, Institut für Faserstoff-Forschung in Teltow-Seehof

DK 677.463.021.3:677.463.021.43

Nach Erörterungen über Art und Herkunft der ungelösten Partikel in Viskosespinnlösungen sowie über den Einfluß verschiedener Viskosierparameter auf die Zahl dieser Teilchen wird über einen Vergleich von optischer und konduktometrischer Teilchenzählung berichtet. Aus den Ergebnissen der Teilchenzählung an filtrierten und unfiltrierten Viskosen werden Folgerungen hinsichtlich des Filtrationsmechanismus von Viskose gezogen und Zweckmäßigkeit und Grenzen einer Viskositätskorrektur von Filterwerten diskutiert. Abschließend wird auf die Frage der Korrelation zwischen Filterwert und Teilchenzahl eingegangen.

Определение фильтруемости вискозных прядильных растворов и подсчет числа частиц в них

В начале статьи обсуждается проблема происхождения и вида нерастворенных частиц в вискозных прядильных растворах, а также вопрос о влиянии различных параметров процесса вискозообразования на число этих частиц. Далее приводятся данные о сравнительном подсчете частиц по оптическому и кондуктометрическому методам. На основании результатов подсчета частиц в вискозных растворах до и после фильтрации делаются выводы о механизме фильтрации вискозы и обсуждается целесообразность введения поправки на вязкость и пределы ее применения при вычислении константы закупорки. В заключение авторы занимаются вопросом о корреляционной зависимости между константой закупорки и числом частиц.

Remarks on Test-Filtration and Particle-Counting in Viscose Spinning Solutions

After considering nature and origin of undissolved particles in viscose spinning solutions, as well as the influence of some process parameters upon the quantity of these particles, optical and conductometric particle-counting is compared. From the results of particle-counting with unfiltered and filtered viscoses, conclusions are drawn concerning mechanism of viscosefiltration, and suitability and limitations of correcting filter-values for viscose viscosity are discussed. Finally, the question of existing correlations between filter value and number of particles is covered.

1 *Einleitung*

Bis vor einigen Jahren diente als Kriterium für den Partikelgehalt einer Viskose-Spinnlösung ausschließlich das Ergebnis einer Prüffiltration unter genormten Bedingungen, das unter der Voraussetzung, daß auch die Viskosebereitung nach einer entsprechenden Standardvorschrift erfolgte, in Form des so erhaltenen „k_w-Wertes" gleichzeitig eine Beurteilung der Viskosierbarkeit des eingesetzten Zellstoffs erlaubt. In neuerer Zeit gewinnt daneben eine unmittelbare Registrierung und Größenklassifizierung der ungelösten Teilchen zunehmend an Interesse vor allem zur Beurteilung der Reinheit bereits filtrierter Spinnlösungen, da sich der Partikelgehalt solcher Lösungen durchaus auf die textilmechanischen Eigenschaften des fertigen Fadens auswirken kann [1 bis 4]. Während die meßtechnische Seite einer solchen registrierenden Teilchenzählung durch eine Anzahl grundlegender Arbeiten, u. a. von *Treiber* und *Kolos* [5 bis 8], *Sihtola* [9], sowie *Parks* und *Durso* [10, 11] weitgehend geklärt wurde, herrscht noch keinesfalls Übereinstimmung darüber, inwieweit eine allgemeine Korrelation zwischen den in verschiedenen Größenklassen registrierten Teilchenzahlen und den Filtrationskriterien besteht [11, 12]. Hierbei spielen dann natürlich die schon viel besprochenen, aber noch nicht völlig gelösten Fragen nach Herkunft und Natur der Partikel sowie nach dem physikalischen Mechanismus der Viskosefiltration eine wesentliche Rolle, wobei sich durch die Methodik der Teilchenzählung zugleich neue experimentelle Ansatzpunkte zur Bearbeitung dieser Probleme ergeben. Als Beitrag zu der noch offenen Diskussion über diese Fragen soll im folgenden über einige Ergebnisse berichtet werden, die an Labor- und Betriebsviskosen aus Fichten- und Buchenzellstoffen bei optischen und konduktometrischen Teilchenzählungen in Verbindung mit Prüffiltrationen unter Verwendung verschiedener Filtermaterialien erhalten wurden.

2 *Versuchsmethodik*

Die Prüfviskosen wurden, z. T. unter Verwendung der von *Treiber* beschriebenen Laboraggregate [13, 14], im 1 l-Maßstab nach dem klassischen Verfahren hergestellt; 150 g lufttrockener Zellstoff wurden in 5 l 18%iger Natronlauge während 1 h bei 20°C maischalkalisiert, die Alkalicellulose auf einen Cellulosegehalt von ca. 32% abgepreßt, in einem Schaufelzerfaserer (Typ *Werner & Pfleiderer*) zerfasert und nach Vorreife bis zum gewünschten DP (meist 400 bis 500) in einer im Wasserbad rotierenden 3 l-Flasche unter Sauerstoffausschluß sulfidiert, wobei — falls nicht anders angegeben — 40% CS_2 (berechnet auf den Cellulosegehalt der Alkalicellulose) eingesetzt wurden und die Reaktionszeit 2 h bei 28°C betrug. Das sehr gleichmäßige Xanthat wurde mittels Propellerrührwerk zu etwa 1,2 l Viskose mit normalerweise 7% Cellulose und 6% Gesamtalkali gelöst, die nach 16 bis 20 h Nachreife bei 20°C der Prüffiltration in ca. 400 ml fassenden Filtrierbomben aus VA-Stahl mit 1 bzw. 4 cm² Filterfläche bei einem Stickstoffdruck von 2,00 atü (Konstanthaltung durch Doppeldruckminderer mit Feinmeßmanometer) unterworfen wurden. Um für eine Diskussion von Teilchenretention und Filtrationsmechanismus möglichst übersichtliche Verhältnisse zu schaffen, wurden als Filter ausschließlich Papierblätter aus verschiedenen Fasermaterialien in nur einer Lage verwendet, die

[1] Teil der Dissertation *H. Schleicher*, Karl-Marx-Universität Leipzig 1964.

durch ein untergelegtes Nickeldrahtnetz abgestützt wurden. Für Serienuntersuchungen benutzten wir

a) ein Polyacrylnitrilfaserpapier mit 160 g Quadratmetermasse[2]),
b) Linterspapier 598 der Fa. Schleicher & Schüll.

Eine Reihe anderer Synthesefaserpapiere (Polyester-, Polyamid- und Polypropylenfaser) dienten nur für orientierende Versuche. Zur Auswertung der Serienversuche zur Prüffiltration wurden meist nur zwei Punkte der Filtrationskurve, nämlich die nach 30 und nach 90 min ausgeflossenen Viskosemengen, herangezogen und hieraus ein auf 1 cm² freie Filterfläche normierter $k_{w30/90}$-Wert errechnet. Eine Korrektur für die unterschiedliche Viskoseviskosität wurde in der von uns früher beschriebenen Weise [15] entweder an diesem k_w-Wert selbst oder an dem ihm reziproken F_w-Wert nach folgenden Formelbeziehungen vorgenommen (vgl. a. Abschnitt 3.2 dieser Arbeit):

$$k_{w\,\mathrm{korr.}} = \frac{k_{w\,30/90}}{\eta^a},$$

$$F_w = \frac{200\,000}{k_{w\,30/90}},$$

$$R_v = F_w \cdot \eta^a$$

η = Viskoseviskosität in Sekunden Kugelfall,
a = vom Filtermaterial abhängige Konstante.

Da die Dichte des Filtermaterials die Höhe des Filterwertes maßgeblich mitbestimmt und die üblichen Filtermaterialien in dieser Hinsicht z. T. erhebliche Schwankungen aufweisen, wurde von uns nach dem Prinzip einer Bestimmung der Luftdurchlässigkeit von Geweben [16] mit einer einfachen, selbst erstellten Apparatur [17] vor Verwendung der Filter eine Porositätstestung vorgenommen und alle um mehr als ± 10% von einem festgelegten Mittelwert abweichenden Filterblättchen verworfen. Wir konnten dadurch die relative Standardabweichung der mit Schleicher & Schüll-Papier 598 erzielten Filterwerte von 10 auf 3% senken.

Zur Teilchenzählung setzten wir ein im eigenen Institut gebautes optisches Gerät [18] wie auch ein nach dem konduktometrischen Meßprinzip arbeitendes Celloscope der Firma Ljungberg, Stockholm, ein [7]. Für die optische Zählung verwendeten wir unverdünnte, entlüftete Viskose, die aus einer Glaskapillare von 0,5 mm Innendurchmesser in Toluol gesponnen wurde, das zur Gewährleistung einer einwandfreien Fadenbildung 1% „Emulgator MF" (VEB Chemische Werke Buna) enthielt. Durch Variieren der Kapillarlänge wurde für Viskosen unterschiedlicher Viskosität stets eine Ausflußgeschwindigkeit von ca. 0,2 ml/h eingestellt und bei jeder Messung mindestens 30 min gezählt. Durch Festlegung einiger Eichpunkte mittels in filtrierte Viskose eingerührten Pollenkörnern[3]) bekannten mittleren Durchmessers sowie durch Aufnahme der Verstärkerkurve ermittelten wir eine untere Empfindlichkeitsgrenze unserer Meßanordnung bei Teilchen von ca. 12 µm Durchmesser. Zur konduktometrischen Teilchenzählung verfuhren wir im wesentlichen nach der von *Treiber* und *Kolos* [7, 8] vorgeschlagenen Arbeitsweise: Die Viskosen wurden zur Messung auf einen Gehalt von 1,6% Cellulose und 2,0% freies Alkali verdünnt. Die Eichung erfolgte im wesentlichen indirekt durch Vergleich mit den durch optische Zählung ermittelten Teilchenspektren verschiedener Laborviskosen unter Voraussetzung der Gültigkeit des hier wieder bestätigten linearen Zusammenhangs log (Teilchenzahl) = $A - B$ log (Teilchendurchmesser) auch unterhalb des bei etwa 12 µm Durchmesser liegenden Schwellenwertes der optischen Zählung. Für den von einem Teilchen beim Passieren der Kapillare zwischen den beiden Elektrodenräumen hervorgerufenen Meßimpuls gilt unter den hier vorliegenden Meßbedingungen

$$\text{Impulshöhe} = \text{const} \cdot \Delta R,$$

$$\Delta R = \text{const} \cdot V \cdot \varrho_0 \left(1 - \frac{\varrho_0}{\varrho}\right)$$

(ΔR = Widerstandsänderung beim Passieren des Teilchens,
V = Teilchenvolumen,
ϱ_0 = spez. Widerstand der Lösung (Viskose),
ϱ = spez. Widerstand des Teilchens).

Da die Zählung stets in standardverdünnter Viskose vorgenommen wird, ist ϱ_0 natürlich konstant, der ΔR proportionale Meßimpuls jedoch immer noch von zwei Variablen abhängig, nämlich vom Teilchenvolumen V und vom spezifischen Widerstand ϱ des Teilchens. Hiermit ist zugleich die Grenze der Aussagemöglichkeiten einer konduktometrischen Teilchenzählung aufgezeigt; denn jede Eichbeziehung zwischen Meßimpuls und Teilchengröße — ganz gleich, ob es sich um die hier angewandte indirekte oder eine direkte Eichung handelt — muß einen für alle Größenklassen konstanten spezifischen Widerstand der Partikel voraussetzen, wobei diese Annahme gerade bei Viskose nicht immer voll gerechtfertigt ist. Bei Anwendung einer solchen Eichkurve auf Partikel unterschiedlicher Leitfähigkeit werden dann solche mit höherem spezifischen Widerstand als größer, solche mit geringerem spezifischen Widerstand als kleiner registriert, als ihrem tatsächlichen Durchmesser entspricht. Bei unserer Meßanordnung lag bei einer Kapillare von 93 µm Durchmesser für die standardverdünnte Viskose die untere Grenze der erfaßbaren Partikelgrößen bei einem Durchmesser von ca. 7 µm.

3 *Meßergebnisse und ihre Auswirkung*

Da die ungelösten Teilchen die Ursache einer Filterverstopfung bei der Viskosefiltration sind, sollen hier zuerst einige Ergebnisse der Teilchenzählung behandelt werden, um dann auf verschiedene Fragen des Filtrationsmechanismus einzugehen und zum Schluß die von uns gefundenen Zusammenhänge zwischen Filterwert und Teilchenzahl zu erörtern.

3.1 *Ergebnisse zur Teilchenzählung*

Nach den von uns an einer größeren Anzahl von Sulfit- und Sulfatzellstoffen aus Fichte und Buche sowie von Linterszellstoffen erhaltenen Ergebnissen läßt sich auch unter idealsten Viskosierbedingungen eine für jeden Zellstoff charakteristische Teilchenzahl nicht unterschreiten. Diese Teilchen können anorganischer Natur sein (z. B. Kieselsäure), es kann sich aber auch um ungenügend aufgeschlossene bzw. um „vernetzte" Cellulosepartikel handeln, die zwar teilweise quellen, aber selbst unter günstigsten Viskosierbedingungen keine löslichen Xanthogenate ergeben und daher weder durch Anwendung eines großen CS_2-Überschusses, noch durch Zusatz oberflächenaktiver Substanzen bei der Viskoseherstellung in Lösung gebracht werden können. Daß auch eine fehlerhafte, unvollständige Alkalisierung zu nicht xanthogenierbaren und somit unlöslichen Anteilen führen kann, die die Viskosequalität katastrophal verschlechtern, ist bekannt und soll hier nicht weiter diskutiert werden. Daneben gibt es eine Gruppe von Teilchen, deren Menge von den Sulfidier- und Lösebe-

[2]) Freundlicherweise zur Verfügung gestellt vom *Institut für Zellstoff und Papier* in Heidenau.
[3]) Einige Proben von Pollenkörnern wurden uns freundlicherweise von Herrn Dr. *Treiber*, Stockholm, zur Verfügung gestellt, dem wir hierfür an dieser Stelle bestens danken.

dingungen abhängt und mit steigendem γ-Wert und Erhöhung des Alkaliverhältnisses abnimmt. Ursache einer nur begrenzten Quellung ist für diese Art von Gelteilchen sicher in erster Linie eine ungleichmäßige Xanthogenierung bei niedrigem und mittlerem CS_2-Einsatz, die sowohl zellstoffseitig bedingt sein kann und beim Einsatz technisch üblicher CS_2-Mengen von 35 bis 40% besonders bei Sulfat- und Linterszellstoffen eine größere Rolle spielt, die aber auch durch eine ungenügende bzw. ungleichmäßige Abpressung der Alkalicellulose mit anschließender Barattensulfidierung hervorgerufen werden kann [19]. In beiden Fällen läßt sich offenbar durch Zusatz oberflächenaktiver Substanzen bei oder vor der Sulfidierung eine wesentliche Vergleichmäßigung des Xanthogenats ohne merkliche Änderung des Brutto-γ-Wertes erzielen; denn wir beobachteten stets und nur dann einen wesentlichen Rückgang der Teilchenzahl in den hier betrachteten Größenklassen bei gleichzeitiger Verbesserung des Filterwertes durch Zusatz solcher Stoffe, wenn unter Bedingungen gearbeitet wurde, bei denen Teilchenzahl und Filterwert stark vom CS_2-Einsatz abhingen [17].

Außer diesen durch den Zellstoff und die chemischen Viskosierparameter bedingten Partikeln findet man in Betriebsviskosen oft eine erhebliche Menge an Cellulosexanthogenatteilchen, die lediglich infolge ungenügender Lösezeit oder unvollkommener Löserkonstruktion, also rein mechanischer Ursachen, nicht in Lösung gegangen sind, und deren Zahl durch intensives Nachlösen, beispielsweise in unserem mit Propellerrührwerk versehenen Laborlöser, wesentlich verringert werden kann, zumindest in den hier betrachteten Größenklassen. Tabelle 1 zeigt dies an den unfiltrierten Betriebsviskosen zweier Zellwollewerke, die sowohl unbehandelt als auch nach 15 min langem Nachlösen im Laborlöser der konduktometrischen Teilchenzählung unterworfen wurden.

Ein Vergleich der bei einer konduktometrischen und einer optischen Teilchenzählung erhaltenen Ergebnisse zeigte, daß für Laborviskosen aus Fichtenzellstoffen die nach beiden Methoden erhaltenen Teilchenzahlen etwa gleich groß waren, während bei einer Anzahl von Betriebsviskosen und auch bei einigen Laborviskosen aus Buchenzellstoffen die mit dem optischen Gerät gefundene Zahl der Teilchen höher lag als die mit dem konduktometrischen Gerät ermittelte (vgl. Tabelle 2).

Die Ursache für diese Abweichungen liegt unserer Auffassung nach im unterschiedlichen Quellungsgrad der in den verschiedenen Viskosen vorhandenen Gelteilchen: In Viskosen, bei denen auf optischem Wege mehr Teilchen einer bestimmten Größenklasse ermittelt wurden als konduktometrisch, sind offenbar neben den „normalen Gelteilchen" mit ca. 12% Cellulosegehalt [7]

Tabelle 1. Teilchenzahlen von unfiltrierten Zellwolle-Viskosen

Viskose	Teilchen/g Cellulose mit $d > 15\ \mu m$
1	204000
1 nachgelöst	181000
2	210000
2 nachgelöst	142000

Tabelle 2. Vergleich der konduktometrisch und optisch ermittelten Teilchenzahlen

Viskose	Teilchen/ml Viskose mit $d > 15\ \mu m$	
	konduktometrisch	optisch
Laborviskose aus FiSi I	5100	4800
Laborviskose aus FiSi II	2900	2700
Laborviskose aus FiSa m. Vh.	2750	2800
Betriebsviskose 1	3600	9000
Betriebsviskose 2	1440	26000

auch stärker gequollene mit niedrigerem Cellulosegehalt und dementsprechend niedrigerem spezifischen Widerstand vorhanden. Diese Teilchen, bei denen es sich wahrscheinlich gerade bei Betriebsviskosen oft um Xanthogenatpartikel handelt, die nur infolge nichtidealer Lösebedingungen, also rein mechanischer Ursachen, ungelöst blieben, werden wohl bei der optischen Zählung ihrer Größe entsprechend registriert, bei der konduktometrischen Zählung hingegen auf Grund ihrer abweichenden Leitfähigkeit in einer niedrigeren Größenklasse erfaßt, als ihrem tatsächlichen Durchmesser entspricht. Eine Auflösung von Gelteilchen lediglich durch Verdünnen der Viskose in Vorbereitung einer konduktometrischen Messung, die ebenfalls als Ursache einer Differenz zwischen „optischer" und „konduktometrischer" Teilchenzahl in Frage käme, wurde von uns nicht beobachtet.

Bei unseren Untersuchungen zur Teilchenretention[4]) konnten wir für die erste Viskosefiltration die Ergebnisse von *Kolos* [20] im wesentlichen bestätigen, wonach 1. die Retention zu Filtrationsbeginn besonders für die großen Teilchen zunächst steil ansteigt, um dann mit fortschreitender Filtrationszeit einen nahezu konstanten Wert zu erreichen, 2. die Retention symbat mit der Teilchengröße abnimmt und 3. die Retention von der Viskosequalität unabhängig ist und nur vom Filtermaterial bestimmt wird. Lediglich die dritte Feststellung bedarf nach unseren Ergebnissen einer gewissen Ergänzung, indem die Teilchenretention bei Buchenviskosen im Durchschnitt um einige Prozent höher lag als bei Fichtenviskosen und im allgemeinen bei teilchenreichen Viskosen überhaupt etwas größer war als bei teilchenarmen. Bei erneuter Filtration einer bereits vorfiltrierten Viskose erwies sich jedoch die Teilchenretention oft als wesentlich geringer im Vergleich zur

[4]) Der Zahlenwert für die Teilchenretention gibt an, wieviel Prozent der in einer bestimmten Größenklasse ursprünglich vorhandenen Partikel vom Filtermaterial bei einem Filtrationsvorgang zurückgehalten werden.

Tabelle 3. Teilchenretention bei der Filtration durch Linterspapier

Teilchendurchmesser [μm]	Teilchenretention [%]	
	1. Filtration	2. Filtration
> 25	97	ca. 50
> 15	90	50
> 7	70	40

ersten Filtration mit demselben Filtermaterial (vgl. Tabelle 3), wobei dieser Unterschied in den Retentionswerten wahrscheinlich eine Ursache dafür ist, daß die erste Filtration von Viskose durch das „Standardgesetz" beschrieben werden kann, während die Filtration bereits filtrierter Viskose formal nach dem „Zwischengesetz" oder dem „Schlammgesetz" verläuft ([21], vgl. a. Abschnitt 3.2).

Ein sehr markantes Beispiel geringer Teilchenretention fanden wir bei der Untersuchung einer schon mehrfach filtrierten Betriebsviskose, bei welcher der Unterschied zwischen „optisch" und „konduktometrisch" ermittelter Teilchenzahl besonders groß war. Eine Filtration dieser Viskose durch unser relativ dichtes Linterspapier ergab für Teilchen $> 15\,\mu m$ praktisch keine Veränderung der Teilchenzahl. Während „normale Gelteichen" mit ca. 12% Cellulosegehalt beim Auftreffen auf eine Filterpore mit kleinerem als dem Teilchen-Durchmesser zurückgehalten werden und die Pore verstopfen, können offenbar hochgequollene Teilchen wesentlich stärker in ihrer Gestalt deformiert werden und so zum großen Teil auch viel engere Filterkapillaren passieren.

3.2 Ergebnisse zur Viskosefiltration

In Auswertung unserer bei der Viskosefiltration und Teilchenzählung gewonnenen Ergebnisse kamen wir zu der Auffassung, daß die erste Filtration einer Viskose zwar meist mit ausreichender Näherung durch das „Standardgesetz" mathematisch beschrieben werden kann, jedoch das physikalische Bild der Viskosefiltration aus folgenden Gründen mit dem der „Standardfiltration" nicht übereinstimmt:

1. Nach dem physikalischen Bild der Standardfiltration sollte die Retention der kleinen Teilchen im Vergleich zur Retention der großen Teilchen höher oder zumindest gleich sein. Beobachtet wird jedoch eine Abnahme der Teilchenretention mit abnehmendem Teilchendurchmesser. Auch die zu Beginn der Filtration stattfindende Zunahme der Retention mit fortschreitender Filtrationszeit paßt nicht in das Bild der Standardfiltration.

2. Bereitet man aus einer Viskose mit 7% Cellulose (Fichtensulfitzellstoff, 40% CS_2-Einsatz) durch Verdünnen mit Natronlauge entsprechender Konzentration Viskosen mit 6, 5 und 4% Cellulose, so erhält man die gleiche Viskositätsabhängigkeit der F_w- bzw. k_w-Werte wie bei Viskosen, deren Viskositäten durch DP-Änderung der Cellulose infolge unterschiedlich langer Vorreifezeit herabgesetzt wurden. Die Zahl der Teilchen — bezogen auf 1 g Viskose — bleibt bei den Viskosen dieser „DP-Reihe" konstant, während bei den Viskosen der „Verdünnungsreihe" die Zahl der Teilchen pro g Viskose linear mit der Cellulosekonzentration abnimmt. Bezieht man die Teilchenzahl jedoch nicht auf 1 g Viskose, sondern auf 1 g Cellulose, dann erhält man auch hier konstante Werte für die Teilchenzahlen. Auf Grund dieser Verdünnungsreihen müssen wir annehmen, daß nicht die Zahl der Teilchen pro g Viskose, sondern im wesentlichen die Zahl der Teilchen pro g Cellulose für die Höhe des viskositätskorrigierten Filterwertes maßgebend ist. Den möglichen Einwand, daß die Konstanz des R_v-Wertes bei Viskosen mit unterschiedlicher Cellulosekonzentration auf einer veränderlichen, von der Cellulosekonzentration abhängigen Teilchenretention beruht, können wir entkräften, denn auch die Teilchenzahlen in den filtrierten Viskosen sind — wenn sie auf 1 g Cellulose bezogen werden — für beide Reihen gleich groß. Diese Ergebnisse lassen sich unseres Erachtens ebenfalls mit den Vorstellungen der Standardfiltration nicht vereinbaren.

3. Schon von *Hermans* und *Bredée* [21] wurde festgestellt, daß die Filtration sehr schlechter Viskosen nach dem reinen Verstopfungsgesetz, die erste Filtration normaler Viskosen nach dem Standardgesetz und die Filtration bereits filtrierter Viskosen nach dem Zwischengesetz oder dem Schlammgesetz verläuft. Außerdem findet man bei der mathematischen Beschreibung des Filtrationsverlaufs der verschiedenen Viskosen auch zwischen den einzelnen Filtrationsgesetzen alle möglichen Übergänge. Es erscheint aber wenig einleuchtend, warum die Filtration von Viskosen unterschiedlicher Qualität nach völlig verschiedenen Mechanismen ablaufen soll.

Auf Grund unserer Ergebnisse nehmen wir folgendes physikalisches Bild der Viskosefiltration an: Im wesentlichen verläuft die Viskosefiltration nach dem Mechanismus der Verstopfungsfiltration. Daneben wird jedoch ein von der Viskosequalität, dem Filtermaterial und der Filtrationsdauer abhängiger Prozentsatz der Teilchen durch Schlammfiltration abgeschieden, und möglicherweise findet auch die Abscheidung einer gewissen Anzahl von Teilchen nach einem dem Standardfiltrationsgesetz zugrunde liegenden Mechanismus statt. Wir stellen uns dabei vor, daß nicht unbedingt ein einziges Teilchen allein eine Kapillare verstopft, sondern daß auch mehrere Teilchen annähernd gleichzeitig an diesem Vorgang teilnehmen können, was rein formal auf eine Abscheidung sowohl nach dem Verstopfungsgesetz als auch dem Schlammgesetz hinausläuft. Da das Standardgesetz zwischen dem reinen Verstopfungsgesetz und dem Schlammgesetz liegt, kann die erste Filtration der Viskose durch die Beziehung

$$\frac{k}{2} \cdot t = \frac{t}{V} - \frac{1}{S_0}$$

formal richtig erfaßt werden. Unserer Meinung nach sollte man daher für Serienuntersuchungen, bei denen es in erster Linie auf einen relativen Vergleich von Zellstoff- bzw. Viskosequalitäten ankommt, die durch den Standard-k_w-Wert gegebene einfache Berechnungsgrundlage beibehalten, sich jedoch darüber im klaren sein, daß eine formale Gültigkeit des Gesetzes der Standardfiltration noch keine zwingenden Rückschlüsse auf den tatsächlichen Mechanismus der Teilchenabscheidung gestattet.

Wie bereits angedeutet, variierten wir zur Untersuchung der Viskositätsabhängigkeit des k_w- bzw. F_w-Wertes die Viskoseviskosität einmal über den DP durch verschieden lange Vorreifezeit der Alkalicellulose, zum anderen über die Cellulosekonzentration durch Verdünnen der Viskose mit Natronlauge unter Konstanthaltung der Konzentration an Gesamtalkali. Wir fanden in beiden Fällen die gleiche Viskositätsabhängigkeit (15) entsprechend

$$R_v = F_w \cdot \eta^a \quad \text{bzw.} \quad \log R_v = \log F_w + a \log \eta,$$

$$k_{w\,\text{korr.}} = k_w/\eta^a \quad \text{bzw.} \quad \log k_{w\,\text{korr.}} = \log k_w - a \log \eta,$$

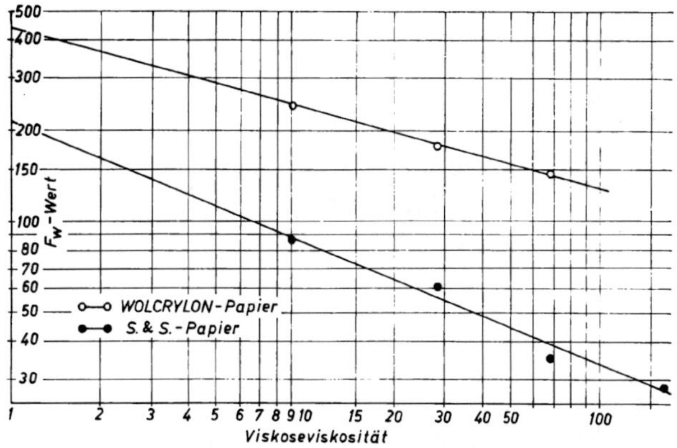

Bild 1. Zusammenhang zwischen F_w-Wert und Viskoseviskosität

wobei der Exponent a von der Ursache der Viskositätsänderung unabhängig war, aber je nach dem verwendeten Filtermaterial unterschiedliche Werte annahm und für Filtermaterialien auf Basis Cellulose 0,40, für Polyacrylnitrilfaserpapier 0,27 betrug (vgl. Bild 1). Nach unseren Erfahrungen kann man mit Hilfe der angeführten Korrekturformel *alle* Viskositätseinflüsse auf den Filterwert innerhalb weiter Grenzen eliminieren, vorausgesetzt, daß sich mit der Viskosität nicht gleichzeitig auch die Teilchenzahl der Viskose — bezogen auf Gramm Cellulose — ändert. Werden die Viskositätsänderungen der Viskose durch Änderung des DP der Cellulose hervorgerufen, dann erhöht sich bei einer Sulfidierung mit *geringem* CS_2-Einsatz bei steigendem DP auch die Teilchenzahl in der Viskose. Die kritische CS_2-Menge, oberhalb der die Teilchenzahl praktisch DP-unabhängig wird, liegt nach unseren Beobachtungen bei etwa 32%, sie kann aber je nach Zellstoffqualität zwischen etwa 30 und 35% CS_2 schwanken [17, 22]. Von *Ellefsen* [23] und *Treiber* [24] wurde für Viskosen, bei denen sich infolge DP-Änderung neben der Viskosität auch die Teilchenzahl ändert, die Anwendung eines größeren Wertes für den Exponenten a diskutiert. Um auch unter diesen Umständen zu einem konstanten R_v-Wert zu kommen, müßte dann allerdings ein variabler Exponent a in Kauf genommen werden. Auch wir halten ein solches Vorgehen für unzweckmäßig, zumal unserer Auffassung nach mit einer solchen Korrekturformel lediglich Viskositätseinflüsse erfaßt werden sollten, während sich Änderungen in der Teilchenzahl der Viskose auch im R_v-Wert ausdrücken müssen. *Matthes* [25] hat die Erhöhung des k_w-Wertes mit steigender Viskosität so erklärt, daß die Teilchen mit einer „Viskoseschale", die mit steigender Viskosität dicker wird, umgeben sind und daher bei höherer Viskosität stärker verstopfend wirken. Hiernach müßte jedoch die Teilchenretention mit steigender Viskosität größer werden. Da dies von uns in keinem Falle beobachtet wurde, können wir uns der Auffassung von *Matthes* nicht anschließen, sondern möchten vielmehr folgende Deutung der Viskositätsabhängigkeit des k_w- bzw. F_w-Wertes zur Diskussion stellen:

Unter Voraussetzung einer *Gauß*schen Größenverteilung der Kapillardurchmesser des Filtermaterials nehmen wir an, daß bei gegebenem Filtrationsdruck und bestimmter Viskosität die Viskose nur durch Kapillaren mit einem Durchmesser oberhalb eines gewissen kritischen Wertes fließt, wobei dieser Wert mit steigender Viskoseviskosität zunimmt. Nach dieser Arbeitshypothese stehen also für zwei Viskosen gleicher Teilchenzahl, aber unterschiedlicher Viskosität bei Verwendung eines bestimmten Filtermaterials für die Viskose mit der kleineren Viskosität mehr Kapillaren für den Durchfluß und die Verstopfung zur Verfügung als für die Viskose mit der höheren Viskosität. Hiernach müßte mit Erhöhung des Filtrationsdruckes sich auch der F_w-Wert erhöhen bzw. der k_w-Wert erniedrigen, was von *Vosters* [26] auch gefunden wurde. Möglicherweise liegt die Ursache des Ausfalls der kleineren Kapillaren für den Stofftransport darin, daß die Cellulosexanthogenatketten der Viskose über gewisse Haftpunkte an die Oberfläche der Kapillaren adsorptiv gebunden werden und in Verbindung damit eine Art „Fließgrenze" für Viskose wirksam wird. Ob unter diesen Umständen durch eine Kapillare noch ein Fließen von Viskose möglich ist oder nicht, hängt vom Radius der Kapillare, der Viskoseviskosität, dem Filtrationsdruck und der Stärke der Bindung zwischen den Celluloseketten und dem Filtermaterial ab. Im Einklang hiermit fanden wir für alle Filtermaterialien auf Cellulosebasis eine wesentlich stärkere Viskositätsabhängigkeit ($a = 0{,}40$) als für Polyacrylnitrilfaserpapier ($a = 0{,}27$) und Polyesterfaserpapier ($a \cong 0{,}20$), was mit der zu erwartenden Bindungsstärke zwischen Filtermaterial und Cellulosexanthogenat qualitativ übereinstimmen würde.

3.3 Zur Korrelation zwischen Filterwert und Teilchenzahl

Experimentelle Daten zur Frage des Zusammenhangs zwischen Filterwert und Teilchenzahl liegen bisher verhältnismäßig wenig vor, wobei sich die Auffassung verschiedener Autoren zum Teil widersprechen [11, 12] und fast ausschließlich von Viskosen aus Nadelholzzellstoffen ausgegangen wurde. Wir zogen zur Auswertung zwei größere Serien unfiltrierter, nach dem klassischen Verfahren bereiteter Prüfviskosen heran, nämlich einmal 16 Viskosen aus Buchensulfitzellstoffen gleicher Provenienz, aber unterschiedlicher Viskosierbarkeit, zum anderen 57 Viskosen aus beliebigen, nach Holzart und Kochverfahren verschiedenartigen Textilzellstoffen. Ermittelt wurden R_v-Wert und viskositätskorrigierter k_w-Wert mit Linterspapier und WOLCRYLONpapier sowie konduktometrisch die Zahl der Teilchen $> 15\ \mu m$ und $> 35\ \mu m$. Wie Bild 2 und 3 zeigen, ergibt sich zwischen R_v-Wert und Teilchenzahl ein hyperbolischer Zusammenhang, zwischen korrigiertem k_w-Wert und Teilchenzahl dagegen eine lineare Beziehung. Für letzteren wurden die in Tabelle 4 zusammengefaßten linearen Korrelationskoeffizienten errechnet.

Tabelle 4. Korrelation zwischen viskositätskorrigiertem k_w-Wert und Teilchenzahl der Viskose

Filtermaterial	Teilchen	Zahl der Einzelmessungen	Korrelationskoeffizient
Linters-Papier	$> 15\ \mu m$	16	0,86
PAN-Faserpapier	$> 15\ \mu m$	16	0,88
Linters-Papier	$> 15\ \mu m$	56	0,87
PAN-Faserpapier	$> 15\ \mu m$	57	0,64
PAN-Faserpapier	$> 35\ \mu m$	57	0,78

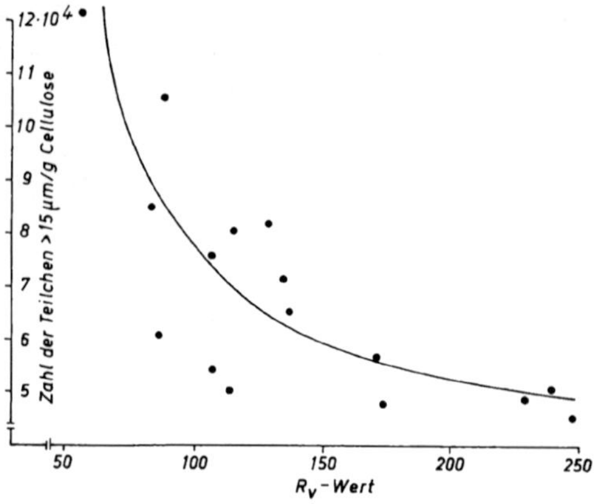

Bild 2. Zusammenhang zwischen R_v-Wert und Teilchenzahl bei Buchenviskosen

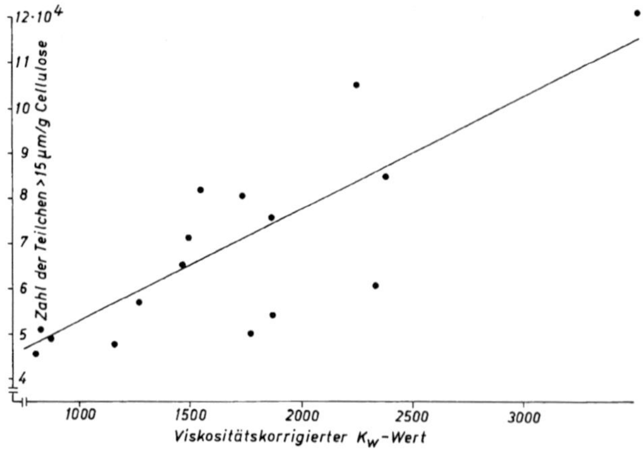

Bild 3. Zusammenhang zwischen viskositätskorrigiertem k_w-Wert und Teilchenzahl bei Buchenviskosen

Mit *Schleicher* & *Schüll*-Papier 598 erhielten wir für beide Meßreihen den gleichen hohen Korrelationskoeffizienten entsprechend einer statistischen Sicherheit von mehr als 99,9% für den linearen Zusammenhang zwischen $k_{w\,\text{korr.}}$ und Zahl der Teilchen $> 15\,\mu m$. Für WOLCRYLONpapier war diese Korrelation zwar auch noch mit 99,9% gesichert, aber im Falle der Meßreihe mit 57 Viskosen wesentlich loser. Als Standardfiltermaterial für die Prüffiltration ist also das Linterspapier offensichtlich vorzuziehen, obwohl gerade bei mittleren und schlechten Fichtensulfitzellstoffen mit WOLCRYLONpapier eine recht gute Differenzierung erzielt wurde, indem hier offenbar die Unterschiede in der stets verhältnismäßig hohen Anzahl größerer Teilchen ($> 35\,\mu m$) lagen. Ob und inwieweit die Regressionsgeraden zwischen Filterwert und Teilchenzahl für die einzelnen Zellstofftypen eine unterschiedliche Steilheit zeigen, kann aus den bisher vorliegenden Daten noch nicht eindeutig entschieden werden, wenn auch eine gewisse Differenz im Anstieg der Geraden bei unseren beiden Meßreihen zu beobachten war.

Daß der hier gefundene lineare Zusammenhang zwischen korrigiertem k_w-Wert und Teilchenzahl nicht streng gesetzmäßig, sondern rein statistischer Art ist, also beispielsweise zwei beliebig herausgegriffene Viskosen praktisch gleicher Teilchenzahl durchaus größere Abweichungen in ihren Filterwerten aufweisen können, führen wir auf folgende Ursachen zurück:

1. Die Teilchengrößenverteilung ist nicht in allen Viskosen die gleiche.

2. Das konduktometrische Teilchenzählgerät ist auf Teilchen eines bestimmten spezifischen Widerstandes geeicht. Es haben aber in der Viskose nicht alle Teilchen den spezifischen Widerstand, auf den das Gerät geeicht wurde; Harz- und Kieselsäureteilchen haben einen größeren spezifischen Widerstand, werden also als größere Teilchen registriert, Gelteilchen mit einem Cellulosegehalt $< 12\%$ haben einen kleineren spezifischen Widerstand als die „normalen Gelteilchen" und werden als kleinere Teilchen erfaßt.

3. Hochgequollene Gelteilchen können mitunter stark deformiert werden und das Filter passieren, ohne zurückgehalten zu werden, gehen jedoch in das Ergebnis der Teilchenzählung mit ein.

In der schon mehrfach diskutierten Frage, ob der k_w-Wert oder der F_w-Wert zur zahlenmäßigen Charakterisierung der Viskosequalität bzw. der Viskosierbarkeit von Zellstoffen vorzuziehen ist [27], vertreten wir die Auffassung, daß an sich beide Größen als Maßzahl in gleicher Weise brauchbar sind, wenn man sich dabei vor Augen hält, daß der F_w-Wert geringe Qualitätsunterschiede im Bereich sehr guter Viskosen, der k_w-Wert dagegen solche im Gebiet sehr schlechter Viskosen zahlenmäßig überbetont. Da die bisher veröffentlichten Untersuchungen zur Viskositätskorrektur des Filterwertes vom F_w-Wert bzw. R_v-Wert ausgingen [28], hatten wir uns diesem Sprachgebrauch zunächst angeschlossen [15]. Im Hinblick auf den hier bestätigten *linearen* Zusammenhang mit der Teilchenzahl erscheint es uns jedoch zweckmäßiger, anstelle des R_v-Wertes einen viskositätskorrigierten $k_{w\,\text{korr.}}$-Wert zu benutzen, da ja die registrierende Teilchenzählung und -größenklassifizierung im Zusammenhang mit der Viskosefiltrierbarkeit immer mehr an Bedeutung gewinnt und wahrscheinlich in Zukunft auf Grund ihrer größeren Aussagekraft und ihrer günstigen Möglichkeiten für eine Automatisierung eine Prüffiltration in manchen Fällen ersetzen wird.

Herrn *Schubert* danken wir für die fleißige und gewissenhafte experimentelle Mitarbeit.

Literatur

[1] *Vosters, H. L.*, 2. Kolloquium über viskosetechnische Fragen, Stockholm 6. 3. 1956.

[2] *Gray, K. L.*, und *Yorke, R. W.*, Gel Particles and Their Effect on the Tensile Properties of High Tenacity Viscose Fibers. J. Polymer Sci. **61** (1962) 171, S. S5—S7.

[3] *Gray, K. L.*, *More, J. M.*, und *Yorke, R. W.*, The Importance of Small Particles in Tire Yarn Viscose. Tappi New York **46** (1963) S. 735—738.

[4] *Baudisch, J.*, *Philipp, B.*, *Schmiedeknecht, H.*, und *Schleicher, H.*, Zum Einfluß des Gelteilchengehaltes von Viskosespinnlösungen auf die Festigkeit daraus hergestellter Celluloseregeneratfäden und deren Teilchenzahl nach Lösen in EWNN. Faserforsch. u. Textiltechn. **15** (1964) S. 153—157.

[5] *Treiber, E.*, Einige Fragen im Zusammenhang mit der Beurteilung von Viskosezellstoffen. Paperi ja Puu, Helsinki (Papier und Holz) **38** (1956) S. 145—152.

[6] *Treiber, E.*, Zur Kennzeichnung von Viskoselösungen. Die Bestimmung von Gelpartikeln in Viskose. Svensk Papperstidn. **61** (1958) S. 794—802.

[7] *Kolos, F.*, Voraussetzungen für die konduktometrische Bestimmung der Teilchenverteilung in Viskose. Svensk Papperstidn. **64** (1961) S. 533—544.

[8] *Kolos, F.*, und *Treiber, E.*, Teilchenbestimmung in Viskoselösungen. Svensk Papperstidn. **64** (1961) S. 577 bis 588.

[9] *Kyrklund, B.*, und *Sihtola, H.*, Particle Size Distribution in Viscose. Paperi ja Puu, Helsinki (Papier und Holz) **45** (1963) S. 119–129.

[10] *Parks, L. R.*, und *Jurbergs, K. A.*, Number and Size Distribution of Particles in Cellulosic Solutions. J. appl. Polymer Sci. **4** (1960) 11, S. 193–199.

[11] *Durso, D. F.*, und *Parks, L. R.*, The Filterability Problem. Svensk Papperstidn. **64** (1961) S. 853–862.

[12] *Treiber, E.*, The State of Solution of Technical Viscose. J. Polymer Sci. **51** (1961) S. 297–315.

[13] *Treiber, E., Bergstedt, S., Rehnström, J.*, und *Stephan, A.*, Einige Bemerkungen zum Alkalisierungsproblem des Zellstoffs. Papier **11** (1957) S. 133–139.

[14] *Treiber, E., Fex, O. F., Rehnström, J.*, und *Piova, M.*, Zur Frage der genormten Auflösung von Standardviskose im Laboratorium. Beitrag zu Problemen der Auflösung von Cellulosexanthogenat. Svensk Papperstidn. **58** (1955) S. 287–295.

[15] *Philipp, B., Lehmann, R.*, und *Schleicher, H.*, Über den Einfluß eines Celluloseabbaus auf Xanthatquellungsbild, Filterwert und Verlauf einer Emulsionsxanthogenierung. Faserforsch. u. Textiltechn. **11** (1960) S. 469–481.

[16] *Dechant, J.*, Luftdurchlässigkeit textiler Flächengebilde. Faserforsch. u. Textiltechn. **7** (1956) S. 510–515.

[17] *Schleicher, H.*, Dissertation Karl-Marx-Universität Leipzig 1964.

[18] *Teichgräber, M.*, Gerät zum Nachweis von Gelteilchen in der Spinnmasse. Faserforsch. u. Textiltechn. **12** (1961) S. 489–491.

[19] *Matthes, A.*, Einflüsse der Viskosebereitung auf die Filtrierbarkeit von Viskose aus Buchenzellstoff. Faserforsch. u. Textiltechn. **10** (1959) S. 146–155.

[20] *Kolos, F.*, Changes in Particle Distribution in Viscose Solutions. Part. 1: The Dissolution of Xanthate and the Constant Pressure Filtration of Viscose. Svensk Papperstidn. **65** (1962) S. 107–117.

[21] *Hermans, P. H.*, und *Bredée, H. L.*, Zur Kenntnis der Filtrationsgesetze. Rec. Trav. chim. Pays-Bas. **54** (1935) S. 680–700.

[22] *Schleicher, H.*, Vortrag auf dem Chemiefasersymposium Weimar 1962.

[23] *Ellefsen, Ø., Kolboe, S.*, und *Abadie-Maumert, F. A.*, Experiences with the P. F. I. Viscose Pilot Plant. 6: The influence of viscose viscosity upon the filterability values in a standarized viscose process. Svensk Papperstidn. **64** (1961) S. 609–617.

[24] *Treiber, E.*, und *Kolos, F.*, Zur Viskositätsbeeinflussung des Filterwertes von Viskosen. Mh. Chemie **93** (1962) S. 455–468.

[25] *Matthes, A.*, Beiträge zur Theorie und Praxis der Viskosefiltration. Einfluß von Filteraufbau, Filtrationsdruck und Viskoseviskosität auf Verstopfungsneigung und Retentionsverhalten von Viskosefiltern. Faserforsch. u. Textiltechn. **15** (1964) S. 39–43.

[26] *Vosters, H. L.*, Filterability of Viscose VII. Influence of the Filtration Pressure. Svensk Papperstidn. **58** (1955) S. 699–705.

[27] *Matthes, A.*, Zum „Filterwert" der Zellstoff- und Viskose-Industrie. Faserforsch. u. Textiltechn. **5** (1954) S. 429–431.

[28] *Vosters, H. L.*, Filterability of Viscose. V. Svensk Papperstidn. **57** (1954) S. 122–140.

Eingegangen am 29. Mai 1964

Elektronenmikroskopische Untersuchungen an Viskosecordfäden

Reinhard Maron, Anneliese Gröbe, Hermann Klare und Gerhard Casperson
Deutsche Akademie der Wissenschaften zu Berlin, Institut für Faserstoff-Forschung in Teltow-Seehof

DK 677.463:677.062:537.533.35

Der Einfluß der Relaxation auf die Oberflächenstruktur von Viskosecordfäden wurde an elektronenmikroskopischen Aufnahmen der Fadenoberfläche gezeigt. Ein Zusammenhang zwischen Oberflächenstruktur und textilen Eigenschaften ließ sich feststellen.

Электронномикроскопические исследования вискозных кордных нитей

При применении электронномикроскопических снимков поверхности нити показано влияние релаксации на структуру поверхности вискозных кордных нитей. Удалось установить взаимосвязь между структурой поверхности нитей и их текстильными свойствами.

Electron Microscopic Investigations of Viscose Cord Filaments

The effect of the relaxation process on the surface structure of viscose cord filaments is shown by electron micrographs of filament surfaces. A relation between surface structure and textile properties could be obtained.

Durch die vorliegenden Untersuchungen sollte geprüft werden, welchen Einfluß die Relaxation auf die Fadenoberfläche von Viskosecordfäden besitzt. Ähnliche Fragestellungen für Viskosekunstseide sind von *Kassenbeck* [1] bearbeitet worden. Er fand, daß Nachbehandlungsprozesse, wie z. B. Trocknen unter Spannung, zu irreversiblen Mikrorissen auf der Fadenoberfläche führen können.

Wir untersuchten Fadenproben, die in zwei Versuchen an einer Kontinue-Maschine ersponnen wurden. Die Spinnparameter sind in Tabelle 1 zusammengestellt. Wie daraus zu ersehen, wurde bei der Versuchsreihe 1 eine Relaxation von 6,5% zwischen der zweiten Galette und der Nachbehandlungswalze eingestellt. Zwischen Nachbehandlungswalze und Trockenwalze hatte der Faden keine Relaxationsmöglichkeiten mehr.

Bei der Versuchsreihe 2 war, neben der oben erwähnten Relaxation von 6%, zwischen Nachbehandlungs- und Trockenwalze eine weitere Relaxation von 4% eingestellt. Siehe hierzu auch das Spinnschema in Bild 14.

Tabelle 1. Spinnbedingungen bei der Erspinnung der untersuchten Proben

		Versuch 1	Versuch 2
Viskose	Cell. [%]	6,6	6,6
	Alkali [%]	5,5	5,7
	E-Zahl	91	93
	Viskosität [s Kf]	48	—
Spinnbad	H_2SO_4 [g/l]	75	66
	Na_2SO_4 [g/l]	205	193
	$ZnSO_4$ [g/l]	57	76
	Verstreckung [%]	95	96
	Relaxation I [%]	6,5	6,0
	Relaxation II [%]	0	4,0

Probe-entnahme	Versuch 1		Versuch 2
nach der Galette 1	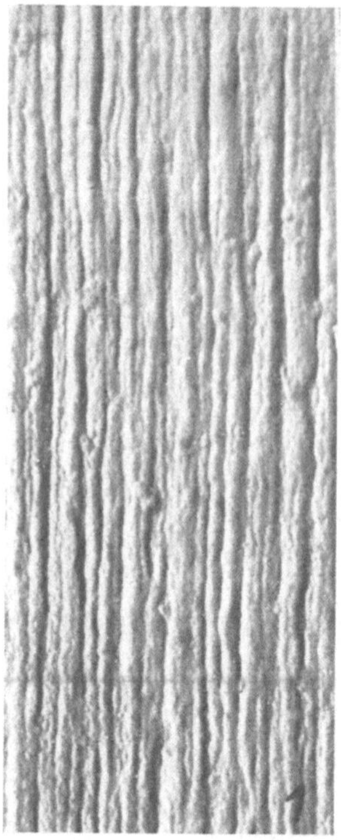	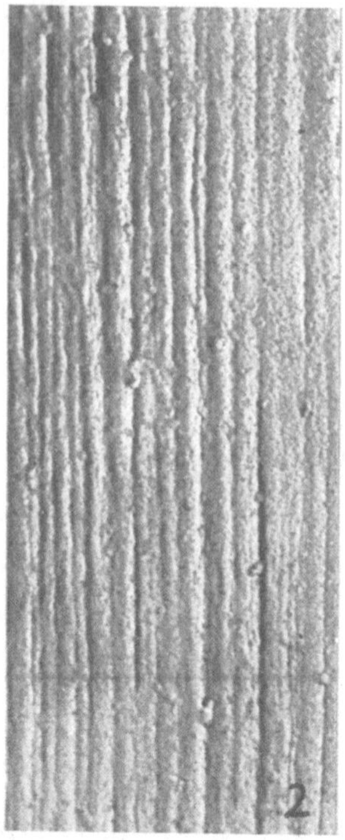	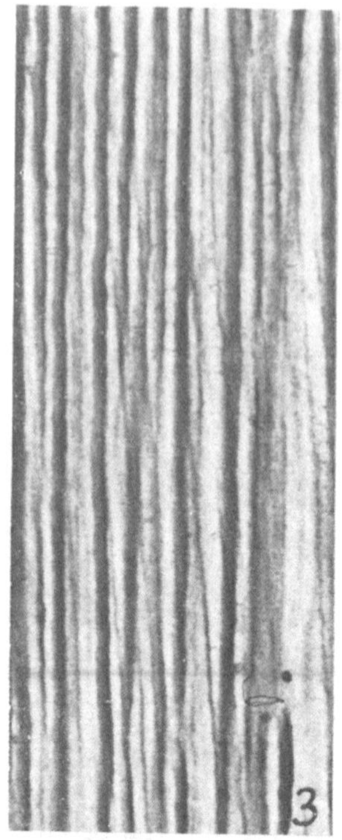
nach der Galette 2	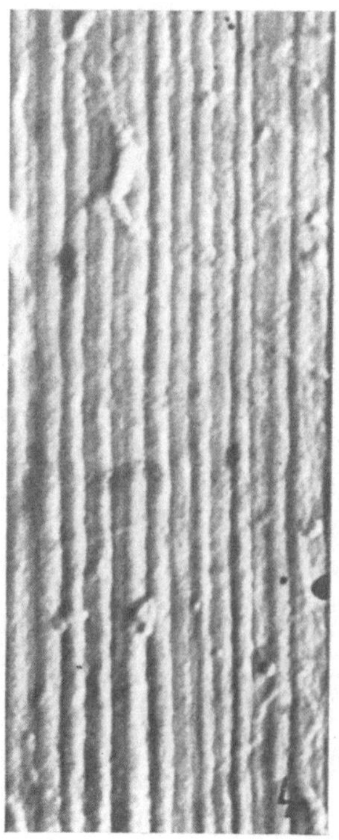		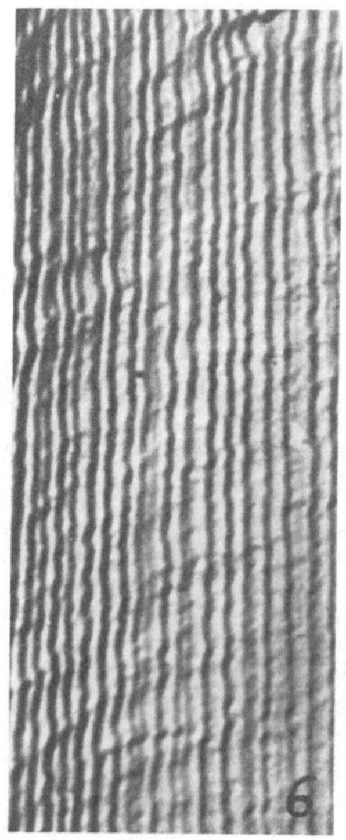

Bilder 1 bis 6. Oberflächenabdrücke der nach den Galetten 1 und 2 entnommenen Fadenproben. Vergrößerung: 40000 ×

Probe-entnahme	Versuch 1		Versuch 2
nach der Nach-behand-lungswalze	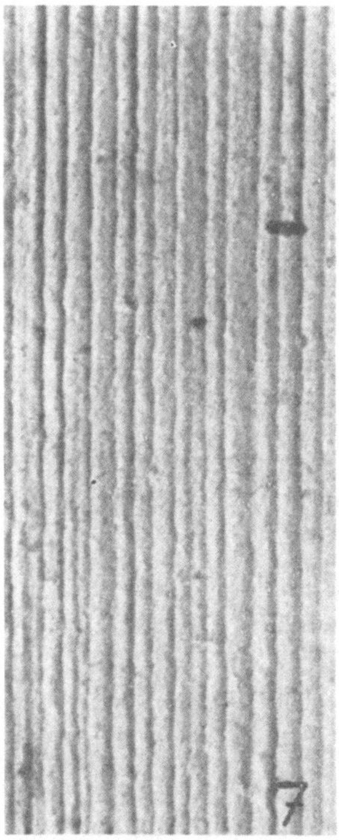	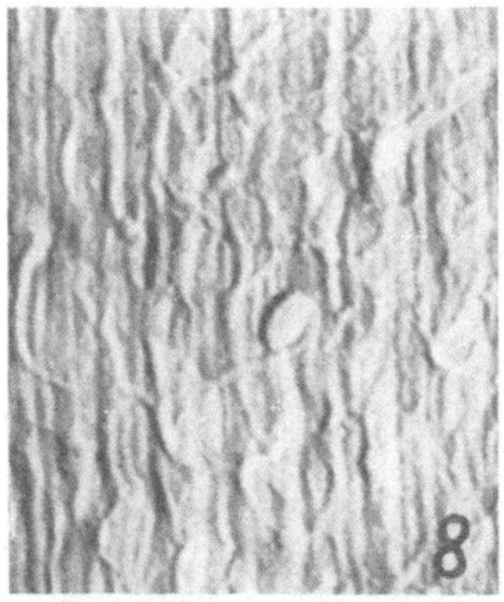 	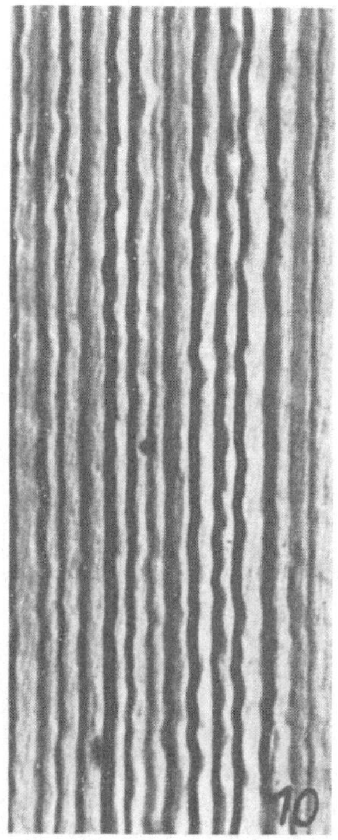
nach der Trocken-walze		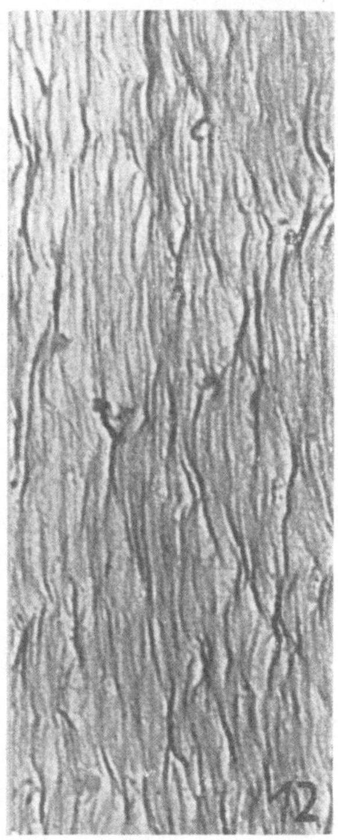	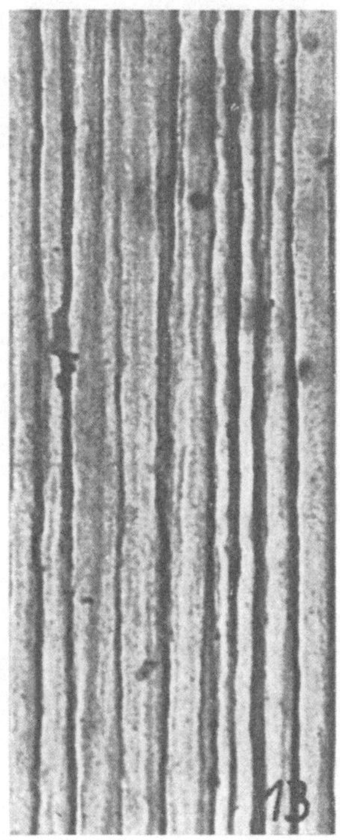

Bilder 7 bis 13. Oberflächenabdrücke der nach den Nachbehandlungs- und Trockenwalzen entnommenen Fadenproben. Vergrößerung: 40000 ×

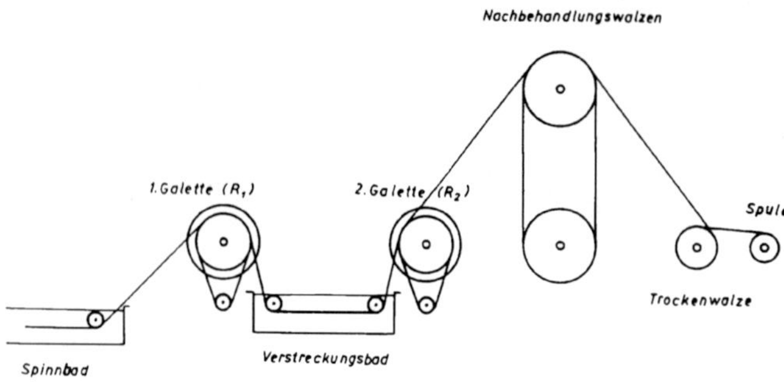

Bild 14. Spinnschema für die Erspinnung von Viskosecordfäden

Tabelle 2. Vergleich der textilen Prüfwerte der untersuchten Proben

Versuch	Seide		Cord			
			klimatisiert		otro	
	Festigkeit [Rkm]	Dehnung [%]	Festigkeit [Rkm]	Dehnung [%]	Festigkeit [kp]	Dehnung [%]
1	34,0	11,0	22,8	16,0	11,5	12,7
2	37,9	16,0	26,4	20,0	12,8	15,4

Die Probenentnahme erfolgte in beiden Versuchsreihen nach:

1. Galette 1 (R_1),
2. Galette 2 (R_2),
3. Nachbehandlungswalze und
4. Trockenwalze.

Für die Herstellung der Oberflächenabdrücke der Fasern wurde die in [2] beschriebene Technik der Direktbedampfung angewandt.

Die Ergebnisse der elektronenmikroskopischen Untersuchungen sind in den Bildern 1 bis 13 dargestellt. Es ist zu erkennen, daß die unverstreckten, nach Galette 1 entnommenen Fadenproben in beiden Versuchsreihen Strukturelemente besitzen, die in Richtung der Faserachse angeordnet sind (Bild 1 bis 3). Auch die nach Galette 2 entnommenen, also um 95 bis 96% verstreckten Proben zeigen diese in Faserlängsrichtung angeordneten Strukturelemente (Bild 4 bis 6). Unterschiede in der Struktur der Fadenoberfläche zwischen den beiden Versuchsreihen erhielten wir erst an Proben, welche die Nachbehandlungswalze passiert hatten (Bild 7 bis 10).

Bei der Versuchsreihe 1 (Bild 7 bis 9) sind neben den in Längsrichtung angeordneten Strukturelementen noch weitere Strukturen zu erkennen, die als Mikrorisse in der Fadenoberfläche gedeutet werden können.

In der Versuchsreihe 2, bei besseren Relaxationsmöglichkeiten, ist diese Erscheinung nicht zu beobachten; hier läßt sich jedoch eine wellige Anordnung der Strukturelemente feststellen, wie sie bei Supercord der Type RT 700 bereits ermittelt wurde [3]. Nach dem Verlassen der Trockenwalze bleibt die Anordnung der Strukturelemente in Längsrichtung der Faserachse dann erhalten, wenn der Faden zwischen Nachbehandlungs- und Trockenwalze die Möglichkeit hat zu relaxieren (siehe Bild 13). Beim Fehlen der Relaxationsmöglichkeit sind neben der normalen Anordnung der Strukturelemente wieder Mikrorisse in der Fadenoberfläche erkennbar (Bild 11 und 12).

Auch bei diesen Untersuchungen ist ein Zusammenhang zwischen Oberflächenstruktur einer Faser und ihren textilen Prüfwerten feststellbar (siehe Tabelle 2). Die Probe, die keine Mikrorisse an der Fadenoberfläche besitzt, weist sowohl die besseren Seiden- als auch die besseren Cordfestigkeiten auf.

Wir danken den Herren Dr. A. *Keil* und Dr. *K. Müller* vom VEB Sächsisches Kunstseidenwerk „Siegfried Rädel" Pirna für die Überlassung des Versuchsmaterials.

Literatur

[1] *Kassenbeck, P.*, Ann. sci. textiles Belges (1956) S. 176 bis 194.

[2] *Maron, R., Gröbe, A., Klare, H.*, und *Casperson, G.*, Faserforsch. u. Textiltechn. **14** (1963) S. 313—319.

[3] *Maron, R., Gröbe, A.*, und *Casperson, G.*, Faserforsch. u. Textiltechn. **15** (1964) S. 202—205.

Eingegangen am 15. Mai 1964

Faserforschung und Textiltechnik 15 (1964) Heft 10

Bestimmung von Modifikatoren auf Äthylenoxidbasis in Viskosen und Spinnbädern durch Naßverbrennung

Burkart Philipp, Horst Hoyme und Klaus Müller[1])

Deutsche Akademie der Wissenschaften zu Berlin, Institut für Faserstoff-Forschung, Teltow-Seehof

DK 677.463.021.525:547.422.22—31:543.24

Die Entwicklung einer rasch durchführbaren titrimetrischen Methode zur quantitativen Bestimmung von Zusatzmitteln auf Polyäthylenoxidbasis in Spinnbädern und Viskosen wird beschrieben, die auf einer Naßverbrennung mit Bichromat-Schwefelsäure nach Abtrennung störender Substanzen beruht. Genaue Arbeitsvorschriften werden mitgeteilt.

Определение модификаторов на базе окиси этилена в вискозных растворах и прядильных ваннах путем мокрого сожжения

Описан быстрый объемный метод количественного определения содержания модификаторов на основе окиси этилена в прядильных ваннах и вискозных растворах, основанный на мокром сожжении смесью бихромата с серной кислотой после устранения мешающих веществ. Приводится точное описание методики определения.

Determination of Modifiers on Ethylene Oxid Basis in Viscoses and Spinning Baths by Wet-Oxydation

A titrimetric method fast to carry through was elaborated for a quantitative determination of PEO additives in viscose and viscose coagulating liquor, using the principle of wet oxydation with chromic acid after separation of PEO from interfering substances. Detailed procedures are given.

1 Einführung

Mit der großtechnischen Anwendung von Zusatzmitteln im Viskoseprozeß zur Verbesserung des Spinnablaufs und der Fasereigenschaften ergab sich die Notwendigkeit einer analytischen Bestimmung dieser Stoffe sowohl zur Prüfung und Beurteilung solcher „Modifikatoren" in Substanz, wie auch zur laufenden Kontrolle ihrer Konzentration in Spinnbad und Viskose. Bedeutung als Modifikatoren gewannen vor allem zwei Verbindungsklassen, einmal die aliphatischen und hydroaromatischen Amine, zum anderen Produkte auf Basis Polyäthylenoxyd (PÄO). Die Bestimmung flüchtiger Amine ist auch in Viskose ohne Schwierigkeiten möglich, wenn evtl. vorliegendes Dithiocarbaminat vorher zerstört wird [1]. Für PÄO-Produkte wurde eine Reihe von Analysenverfahren vorgeschlagen, die das Auftreten gefärbter Komplexe mit bestimmten Farbstoffen, die Bildung schwerlöslicher Additionsprodukte mit Kaliumferrocyanid bzw. mit Phosphormolybdän- und Phosphorwolframsäure [2], sowie die Änderung der Oberflächenspannung des Wassers als Grundlage benutzen. Zur Bestimmung solcher Substanzen in Spinnbädern und Viskosen sind jedoch diese Methoden entweder überhaupt ungeeignet, oder sie erfordern einen recht erheblichen Zeitaufwand. Wir prüften daher, inwieweit nach entsprechender Vorbehandlung von Spinnbad und Viskose eine Naßverbrennung mit Kaliumbichromat-Schwefelsäure als rasch durchführbare Analysenmethode in Frage kommt, und zwar sowohl für Reinpolyäthylenoxyd, wie auch für verschiedene höher äthoxylierte Produkte.

2 Bestimmung von Reinpolyäthylenoxid in Spinnbädern und Viskosen durch Naßverbrennung

Unter Verwendung von „Oxydwachs AN" (Rein-PÄO vom VEB Chemische Werke Buna, Molgewicht ca. 1500) als Testsubstanz wurde in Vorversuchen zunächst festgestellt, daß eine vollständige Oxydation nach

$$3(-CH_2-CH_2-O) + 5\,Cr_2O_7'' + 40\,H^{\cdot} \rightarrow 10\,Cr^{\cdot\cdot\cdot} + 6\,CO_2 + 26\,H_2O$$

nur bei einer ausreichend hohen Bichromat- und Schwefelsäurekonzentration und einer Reaktionszeit von mindestens 45 min bei Siedehitze gewährleistet ist. Eine H_2SO_4-Konzentration von 40 Vol.-% erwies sich als genügend; eine weitere Erhöhung erschien unzweckmäßig infolge der dann bei Temperaturen oberhalb 120 °C rasch absinkenden Stabilität der Oxydationsmischung [3]. Einwaagen von 10 bis 30 mg Oxidwachs ließen sich mit 15 bzw. 30 ml 0,25 n Kaliumbichromatlösung + 10 bzw. 20 ml H_2SO_4 durch 60 min Kochen unter Rückfluß quantitativ und reproduzierbar oxydieren. Mit einem obiger Gleichung entsprechenden Umrechnungsfaktor: 1 ml n/10 Bichromatlösung ≙ 0,44 mg Äthylenoxyd ergab sich bei 16 Einzelbestimmungen ein Mittelwert von 100,1% der eingesetzten Menge bei einer relativen Standardabweichung von $V = 2{,}6\%$.

Bei einer Anwendung dieser Methode zur Ermittlung des PÄO-Gehaltes von Spinnbädern und Viskosen traten zunächst Schwierigkeiten durch die geringe Konzentration dieser Modifikatoren auf, da die hohe Verdünnung der quantitativen Oxydation entgegensteht, sowie durch die Anwesenheit anderer oxydabler Stoffe in großem Überschuß (Cellulosexanthogenat und sulfidische Nebenprodukte in der Viskose; CS_2 und H_2S im Spinnbad), die quantitativ entfernt werden mußten. Bei Spinnbädern konnten beide Störfaktoren durch Eindampfen im Aluminiumblock beseitigt werden, das unter den hier verwendeten Bedingungen nur einen geringen Arbeitsaufwand erfordert und zu keinen nachweisbaren Verlusten an PÄO führt, wenn Temperaturen über 100 °C vermieden werden. Bei Eindampftemperaturen um 120 °C gehen 10 bis 15%, bei 140 °C bereits 25% der eingesetzten PÄO-Menge verloren. Bei Viskosen wurden zunächst durch Ansäuern das Cellulosexanthogenat und die Nebenprodukte zersetzt und die Cellulose II ausgefällt und abfiltriert. Der Modifikator ließ sich schon mit geringen Wasservolumina quantitativ auswaschen. Zum Aufkonzentrieren des Filtrats bewährte sich auch hier das Eindampfen im Aluminiumblock. Der bei Anwendung nachfolgender Arbeitsvorschrift in modi-

[1]) Jetzt F/E-Stelle des VEB Sächsisches Kunstseidenwerk „SIEGFRIED RÄDEL" Pirna.

fikatorfreien Viskosen gefundene Blindwert (gelöste Celluloseabbauprodukte bzw. Hemicellulosen) entsprach ca. 1% des Verbrauchs an Bichromatlösung bei 1 g Modifikatorzusatz pro kg Viskose, ist also ausreichend gering, um eine zuverlässige Bestimmung von PÄO-Gehalten ab 30 mg/kg Viskose zu ermöglichen.

Als Ergebnis unserer systematischen Untersuchungen können folgende Arbeitsvorschriften zur Bestimmung des PÄO-Gehaltes von Spinnbädern und Viskosen vorgeschlagen werden [4]:

Bestimmung von „Oxydwachs AN" im Spinnbad

25 ml bzw. 10 ml (bei PÄO-Gehalten > 100 mg/l) des durch eine G 4-Fritte filtrierten Spinnbades werden in einen 100 ml-Standkolben pipettiert und in einem Aluminiumblock bei Temperaturen bis 100 °C fast zur Trockene gedampft. Der Rückstand wird mit 15 ml 0,25 n Kaliumbichromatlösung und 10 ml H_2SO_4 konz. p. a. versetzt und dann 45 min am Rückfluß gekocht, wobei der Schliff zwischen Kolben und Kühler mit H_2SO_4 konz. gedichtet wird und man zunächst vorsichtig erhitzt, um die beim Eindampfen auskristallisierten Salze in Lösung zu bringen. Nach Abkühlen wird die Lösung in einen 300 ml-Erlenmeyer überspült und das überschüssige Bichromat in bekannter Weise, z. B. jodometrisch zurücktitriert. 1 ml 0,1 n $K_2Cr_2O_7$ = 0,4 ml 0,25 n $K_2Cr_2O_7$ entspricht 0,44 mg PÄO; ein Blindwert des modifikatorfreien Spinnbades und der Reagentien wird separat bestimmt und berücksichtigt.

Bestimmung von „Oxydwachs AN" in Viskose

10 g bzw. 5 g (bei PÄO-Gehalten > 1 g/kg) Viskose werden in einem 200 ml Erlenmeyer eingewogen und mit 100 bzw. 50 ml 1 n NaOH verdünnt. Bei der anschließenden Zugabe von 40 bzw. 20 ml 4 n H_2SO_4 (Abzug!) wird der Kolben vorsichtig geschwenkt, um die ausfallende Cellulose II nicht in allzu kleine Flocken zu zerschütteln, dann die Lösung 10 min stehengelassen, unter ganz schwachem Vakuum durch eine trockene G 2-Fritte filtriert und der Rückstand mit ca. 75 ml kaltem Wasser ausgewaschen. Das Filtrat wird in einem 200 ml-Weithals-Erlenmeyer kurz bis 95 °C erhitzt und — falls hiernach eine Trübung eintritt — nochmals durch eine G 4-Fritte bei möglichst geringem Vakuum filtriert und mit ca. 20 ml Wasser nachgewaschen. Das klare Filtrat wird in einem 250 ml-Maßkolben aufgefüllt, von dieser Lösung 25 ml (entsprechend 1 bzw. 0,5 g Viskose) in einen 100 ml Standkolben pipettiert und im Aluminiumblock bei Temperaturen bis 100 °C eingedampft, was etwa 1 bis 2 h in Anspruch nimmt. Zur Oxydation, Rücktitration und Berechnung wird in der bereits beschriebenen Weise verfahren.

In den Tabellen 1 und 2 sind die Ergebnisse einiger Beleganalysen zusammengefaßt. Während für PÄO im Spinnbad die Ergebnisse bei einem Mittelwert von 100% der eingesetzten Menge liegen, tendieren sie für PÄO in Viskose etwas nach unten (Mittelwert 99%) infolge unvermeidlicher PÄO-Verluste beim Entfernen der Cellulose, die gegebenenfalls mit Hilfe eines Korrekturfaktors von 1,01 berücksichtigt werden können. Die Reproduzierbarkeit der Bestimmung (relative Standardabweichung als Kriterium) ist für Viskose auf Grund der größeren Modifikatoreinsatzmenge etwas besser als für Spinnbäder.

3 *Bestimmung verschiedener äthoxylierter Produkte in Spinnbad und Viskose*

Es sollte festgestellt werden, inwieweit unsere für Rein-PÄO entwickelte Arbeitsweise auch auf verschiedene höher äthoxylierte Handelsprodukte nicht näher definierter chemischer Konstitution angewandt werden

Tabelle 1. Bestimmung von „Oxydwachs AN" in einem Cordspinnbad
(96 g/l H_2SO_4, 80 g/l $ZnSO_4$, 120 g/l Na_2SO_4)

Eingesetzte Konzentration Oxydwachs [mg/l]	Angewandte Spinnbadmenge [ml]	gefundene Menge Oxydwachs [mg/l]		[% des Ausgangswertes]	Mittelwert und relative Standardabweichung [%]
31,4	25	32,0	32,0		Mittelwert = 100,05%
		33,0	35,0	105	V = 3,2 %
39,2	25	40,0	40,0	102	
77,5	25	74,0	74,0		
		74,0		95,5	
158,5	10	158,4	158,4	100,0	
1000	10	987		98,7	
2000	10+)	1980	1984	99,1	

+) oxydiert mit 25 ml 0,25 n $K_2Cr_2O_7$ + 16,7 ml H_2SO_4 konz.

Tabelle 2. Bestimmung von „Oxydwachs AN" in Viskosen

Vorgegebene g Oxydwachs je kg Viskose	Angewandte Viskosemenge [g]	gefundene Menge Oxydwachs [g/kg]		[% des Ausgangswertes]	Mittelwert und relative Standardabweichung [%]
0,50	10	0,50	0,50	100,0	Mittelwert = 99,1%
1,02	10	1,00	1,00	98,0	V = 0,93%
1,40	5	1,40	1,40	104,0	
1,86	5	1,82	1,82	97,8	
2,17	5	2,12	2,20	99,6	
2,54	5	2,52	2,54	99,6	
2,86	5	2,78	2,82	97,9	

kann. Unter Beibehaltung der angeführten Arbeitsvorschrift nahmen wir die Naßverbrennung an wäßrigen Lösungen der reinen Produkte vor, berechneten das Ergebnis zunächst auf Rein-PÄO und ermittelten aus der Abweichung zwischen wiedergefundener und eingesetzter (= 100%) Menge für jedes Produkt einen entsprechenden Korrekturfaktor, der dann für die Berechnung des Analysenergebnisses in Spinnbädern und Viskosen zugrunde gelegt wurde. Als Vertreter verschiedener Klassen von Polyäthylenoxidprodukten, die für Zusätze zum Spinnbad oder zur Viskose in Frage kommen, wurden folgende Handelsprodukte herangezogen:

Tabelle 3. Naßverbrennung verschiedener PÄO-Produkte

Produkt	Eingesetzte Menge [mg]	gefunden bei Berechnung auf Rein-PÄO [% der einges. Menge]			Korrekturfaktor f
„Atlas G 3525"	10 ... 30	98,5	97,0	97,8	1,02
„Berol Visco 352"	10 ... 30	103,5	103,4	104,0	0,965
„Slovasol EL"	10 ... 30	97,6 99,4	97,6	97,4	1,02

Tabelle 4. Bestimmung verschiedener äthoxylierter Produkte in einem Cordspinnbad

Produkt	vorgegebene Konzentration [mg/l]	gefundene Konzentration, mit Korrekturfaktor berechnet [mg/l]		[% der Einsatzmenge]	
„Atlas G 3525"	31,1	31,4	30,6	101,0	98,7
	62,2	62,7	61,2	100,8	98,4
„Berol Visco 352"	30,6	30,6	30,6	100,0	100,0
	61,2	61,9	62,5	101,1	102,1
	183,0	182,4	182,4	99,7	99,7
„Slovasol EL"	67,0	70,3	68,8	104,9	102,6
	206,0	206,0	206,0	100,0	100,0

„Atlas G 3525", ein äthoxyliertes Amin der Atlas-Goldschmidt A.G. Essen;

„Berol Visco 352", ein äthoxyliertes Phenol der Berol AB, Göteborg;

„Slovasol EL", ein äthoxyliertes Rizinusöl, geliefert von Chemapol, ČSSR

Die bei einer Naßverbrennung der reinen Produkte erhaltenen Analysenwerte und die hieraus ermittelten Korrekturfaktoren sind in Tabelle 3 zusammengefaßt. In allen Fällen führten die von uns angewandten Arbeitsbedingungen — Eindampfen bei Temperaturen bis 100°C und Oxydation mit 15 ml 0,25 n $K_2Cr_2O_7$ + 10 ml H_2SO_4 durch 60 min Kochen unter Rückfluß — zu gut reproduzierbaren Ergebnissen. Die Korrekturgrößen f berücksichtigen sowohl den Einfluß der von Rein-PÄO abweichenden chemischen Konstitution auf die Stöchiometrie des Oxydationsvorganges wie auch eventuell auftretende geringe Substanzverluste beim Eindampfen. Sie weichen für die hier herangezogenen Produkte nur wenig von 1 ab, da diese alle einen hohen Äthoxylierungsgrad aufweisen und schwer flüchtig sind. Zur Bestimmung der äthoxylierten Produkte in Spinnbad und Viskose wurde nach den unter 2 für Rein-PÄO gegebenen Arbeitsvorschriften verfahren und nur zum

Tabelle 5. Bestimmung verschiedener äthoxylierter Produkte in Viskose

Produkt	vorgegebene Menge [g/kg Viskose]	gefundene Menge, mit Korrekturfaktor berechnet [g/kg Viskose]		[% der Einsatzmenge]	
„Atlas G 3525"	0,494	0,51	0,51	103,2	103,2
	1,30	1,35	1,35	103,8	103,8
	2,31	2,26	2,18	97,8	94,4
		2,33		100,8	
„Berol Visco 352"	0,581	0,61	0,61	105,0	105,0
	1,02	1,02	1,02	100,0	100,0
	2,82	2,82	2,82	100,0	100,0
„Slovasol EL"	0,985	1,02	1,02	103,2	103,2
	1,96	1,97	1,97	100,8	100,8
	2,85	2,74	2,74	96,0	96,0

Schluß das auf Rein-PÄO berechnete Analysenergebnis mit dem entsprechenden Korrekturfaktor multipliziert. Tabelle 4 und 5 geben einige Beleganalysen wieder.

Abschließend sei darauf hingewiesen, daß die hier an drei willkürlich herausgegriffenen Handelsprodukten erprobte Methode einer Bichromatverbrennung von Substanzen nicht genau definierter Konstitution auch auf andere Viskosier- und Spinnhilfsmittel auf PÄO-Basis sinngemäß übertragen werden kann, vorausgesetzt, daß das Produkt genügend schwer flüchtig ist, nicht von Cellulose allzu fest sorbiert wird und der Naßverbrennungsvorgang unter den gewählten Bedingungen reproduzierbar abläuft.

Literatur

[1] *Zimmermann, K.*, Quantitative Bestimmung von Spinnmodifikatoren in der Viskose. Faserforsch. u. Textiltechn. **14** (1963) S. 180—183.

[2] *Schönfeldt, N.*, Oberflächenaktive Anlagerungsprodukte des Äthylenoxyds. Stuttgart: Wiss. Verlagsges. 1959.

[3] z. B. *Jurecek, M.*, Einige analytische Aspekte der Oxydation organischer Stickstoffverbindungen mit Chromsäure. Mikrochim. Acta (1962) S. 926—938.

[4] vgl. a. *Philipp, B.*, und *Müller, K.*, Patentanmeldung WP 421/82289 v. 18. 12. 1962.

Eingegangen am 9. April 1964

Zur Copolymerisation von Acrylnitril mit Allylsulfonaten

Volker Gröbe, Hans Reichert und Werner Makschin

Deutsche Akademie der Wissenschaften zu Berlin, Institut für Faserstoff-Forschung in Teltow-Seehof

DK 678.745.32—13:547.315.1'269.3:542.952.6

Untersuchungen zur Copolymerisation von Acrylnitril mit Natriumallylsulfonat bzw. Natriummethallylsulfonat unter Berücksichtigung ternärer Systeme mit Vinylacetat bzw. Methyl- und Äthylacrylat in wäßrigem Medium und in Dimethylformamid werden mitgeteilt.

О сополимеризации акрилонитрила с аллилсульфонатами

Приведены результаты исследований процесса сополимеризации акрилонитрила с аллилсульфонатом и металлилсульфонатом натрия, а также тройных систем с винилацетатом, метил- и этилакрилатом в водной среде и диметилформамиде.

On the Copolymerisation of Acrylonitrile with Allyl Sulphonates

Studies on the copolymerisation of acrylonitrile with sodium allyl sulphonate respectively sodium methallyl sulphonate considering ternary systems with vinyl acetate respectively methyl and ethyl acrylate in an aqueous medium and in dimethyl formamide are communicated.

1 Problemstellung

Ein wesentlicher Mangel der Faserstoffe aus Acrylnitril-Reinpolymerisaten ist ihre ungenügende Anfärbbarkeit. Es besteht zwar die Möglichkeit, mit Hilfe der Spinnfärbung oder auch der „Gelfärbung", d. h. der Anfärbung im spinnfeuchten Zustand, eine ausreichende Farbtiefe zu erzielen, jedoch hat diese Methode u. a. den schwerwiegenden Nachteil, daß die Textilindustrie langfristig auf eine bestimmte Farbpalette festgelegt wird. Neben der Anwendung spezieller und kostspieliger Färbeverfahren bietet sich zur Behebung dieser Schwierigkeiten hauptsächlich der Einsatz von Copolymerisaten an. Insbesondere sind Monomere geeignet, die farbstoffaffine Gruppen im Molekül enthalten, die nach der Copolymerisation diese Affinität auf das modifizierte Polyacrylnitrilmolekül übertragen. Dabei ist ein weiterer, nicht unwesentlicher Vorteil der Copolymerisate ihre verbesserte Verarbeitbarkeit (z. B. Löslichkeit), außerdem liegen die textilen Werte (z. B. Elastizität) der resultierenden Fasern oftmals günstiger. Aus allen diesen Gründen wird den Copolymerisatfasern heute immer mehr der Vorzug gegeben, obwohl — was nicht übersehen werden darf — ihre Einfriertemperatur erniedrigt und dadurch ihr Gebrauchswert von dieser Seite her etwas gemindert ist.

Als Comonomere mit farbstoffaffinen Gruppen wurde eine große Anzahl von Verbindungen vorgeschlagen und in der Literatur — vorwiegend in Patentschriften — beschrieben. Die technische Nutzung eines Großteils von ihnen ist jedoch problematisch. Nicht nur ökonomische Gesichtspunkte spielen hierbei eine Rolle, sondern vor allem die Tatsache, daß viele Faserstoffe, die im Makromolekül basische oder saure Gruppen enthalten, bei thermischer Beanspruchung leicht einer Verfärbung unterliegen. Selbst die Faser aus dem Copolymerisat mit Vinylpyridin, dem Prototyp für basische Comonomere, zählt hierzu, obwohl sie heute industriell erzeugt wird (ACRILAN). Als Beispiele für thermoinstabile Copolymerisate des Acrylnitrils mit sauren Komponenten können die Copolymerisate mit Acrylsäure oder Itaconsäure genannt werden.

Im Rahmen einer Arbeit über die Herstellung und Verspinnung von Copolymerisaten des Acrylnitrils mit sauren polymerisierbaren Verbindungen stellten wir nun fest, daß ungesättigte Sulfonate bzw. die freien Säuren nach der Copolymerisation Produkte ergeben, die vergleichsweise außerordentlich stabil gegen eine thermische Verfärbung sind.

Die Tatsache, daß Sulfonate mit äthylenischer Doppelbindung nach der Copolymerisation mit Acrylnitril Polymere ergeben, die sich zu Fasern mit hohem Weißgehalt, guter Affinität zu basischen Farbstoffen und von wesentlich verbesserter Beständigkeit gegen thermische Verfärbung verarbeiten lassen, ist bereits in mehreren Patentschriften festgestellt worden. Zum Beispiel ist Gegenstand des USP 2601256 [1] die Copolymerisation von Acrylnitril und einer Sulfonsäure der Formel

$$\begin{array}{l} CH_2{=}\underset{\displaystyle |\atop \displaystyle R}{C}{-}CH_2{-}(A)_n{-}SO_3H, \end{array}$$

wobei $n = 0$ oder 1, $R = H$ oder CH_3, A = Oxyalkylen-, Oxyalkylenoxy-, Thioalkylenoxy-Rest.

Bald wurde auch die Verwendung von Styrolsulfonsäure bei der Copolymerisation (neben Acrylnitril und Methylacrylat) vorgeschlagen [2]. Bemerkenswert ausführlich und umfangreich sind weiterhin die Offenbarungen des GBP 823345 [3]. In diesem Patent wird die durch Redoxsysteme ausgelöste Copolymerisation von Acrylnitril mit einer sehr großen Zahl anderer polymerisierbarer „neutraler" Verbindungen, z. B. Methylacrylat, Äthylacrylat, Methoxyäthylacrylat, Methylmethacrylat, Vinylformiat, Vinylacetat, Methylvinylketon, Styrol oder Acrylamid, und ungesättigter Sulfonate, z. B. Allylsulfonat, Methallylsulfonat oder Vinylsulfonat, besonders aber Styrolsulfonat, in wäßriger Lösung beschrieben. Auch in mehreren japanischen Patentschriften werden die günstigen Eigenschaften der Sulfogruppen enthaltenden Acrylnitrilcopolymeren hervorgehoben (z. B. [4 bis 7]).

Es lag nahe, die genannten Sulfonate auch beim Lösungspolymerisations-Verfahren einzusetzen. In entsprechenden Patentschriften werden als Lösungsmittel sowohl wäßrige anorganische Salzlösungen (z. B. Zinkchlorid oder Rhodanide) [8 bis 12] als auch Dimethylsulfoxyd [13] genannt. Die Copolymerisation kann binär oder ternär (als dritte Komponente z. B. Methylacrylat) mit Hilfe der üblichen Initiatoren durchgeführt werden.

Im folgenden soll über systematische Versuche zur Copolymerisation von Acrylnitril, Allyl- bzw. Methallylsulfonat und ggf. einer dritten Komponente berichtet werden. Hergestellt wurden die Polymerisate einmal nach der Methode der Fällungspolymerisation in Wasser und zum anderen mit Hilfe der Lösungspolymerisation im Dimethylformamid. Bei diesem Verfahren kann die Weiterverarbeitung der anfallenden Lösungen unter Umgehung eines festen Zustandes unmittelbar nach der Polymerisation und Rückgewinnung der nichtumgesetzten Monomeren erfolgen. Gegenüber der Lösungspolymerisation in Salzlösungen oder in Dimethylsulfoxyd hat diese Methode den Vorzug, daß die Rückgewinnung des Lösungsmittels relativ einfach verläuft, die Viskosität äquikonzentrierter Spinnlösungen wesentlich niedriger liegt, und daß diese Lösungen nach dem Trockenspinnverfahren versponnen werden können.

Den genannten Sulfonaten wurde gegenüber Vinylsulfonat und Styrolsulfonat der Vorzug gegeben, da sie gut lagerfähig sind bzw. aus billigen Ausgangssubstanzen und mit relativ guten Ausbeuten synthetisiert werden können. Zwar wird beim Styrolsulfonat der Nachteil der geringen Ausbeute dadurch wieder ausgeglichen, daß diese Verbindung bei der Copolymerisation mit Acrylnitril in wäßrigem Medium zu höheren Umsätzen als die anderen Sulfonate führt [14]. Da jedoch bei der Lösungspolymerisation in Dimethylformamid die Reaktionsverhältnisse sich wesentlich zugunsten der Sulfonate verändern, erweist sich in diesem Fall auch der Einsatz des Allyl- bzw. Methallylsulfonates als ökonomisch vertretbar und ausreichend. Außerdem ist die Löslichkeit dieser Sulfonate in Dimethylformamid höher (Na-Allylsulfonat: ca. 1,8 g/100 ml, Na-Methallylsulfonat: ca. 0,9 g/100 ml, Na-Styrolsulfonat: ca. 0,3 g/100 ml). Durch Zugabe von Acrylnitril und Ester wird diese Löslichkeit allerdings etwas vermindert.

2 Ausgangssubstanzen

Dimethylformamid (DMF) (VEB Leuna-Werke)

DMF wird im Vakuum über eine Vigreux-Kolonne destilliert, über Phosphorpentoxyd getrocknet und an einer beheizten Füllkörperkolonne im Vakuum fraktioniert. Das Destillat wird im Dunkeln aufbewahrt.

$$Kp_8.\ 37°; \quad n_D^{20}\ 1{,}4309$$

Acrylnitril (Acn) (VEB Chemische Werke Buna)

Nach Ausschütteln mit 10%iger Natronlauge, Wasser und 10%iger Schwefelsäure wird mit Wasser neutral gewaschen und über Calciumchlorid getrocknet. Danach wird an einer 1-m-Sattelkörperkolonne bei hohem Rücklaufverhältnis unter Stickstoff fraktioniert. Acn wird im Dunkeln bei −15° aufbewahrt.

$$Kp\ 77{,}5°; \quad n_D^{20}\ 1.3991$$

Methylacrylat/Äthylacrylat (MA/ÄA) (VEB Chemische Werke Buna)

Der Ester wird mit 5%iger Sodalösung, die mit Kochsalz gesättigt ist, ausgeschüttelt, mit Kochsalzlösung neutral gewaschen und über Natriumsulfat getrocknet. Anschließend wird über eine Kolonne bei Normaldruck oder geringem Unterdruck fraktioniert.

MA *Kp* 80°; n_D^{20} 1.4040

ÄA *Kp* 99°; n_D^{20} 1.4060

Vinylacetat (*Vac*) (*VEB Chemische Werke Buna*)

Nach dem Ausschütteln mit 5%iger Sodalösung wird mit Wasser neutral gewaschen, über Natriumsulfat getrocknet und unter Stickstoff fraktioniert.

Kp 73°

α, α'-Azodiisobutyronitril (*VEB Stickstoffwerk Piesteritz*)

Das Handelsprodukt wurde zweimal aus Methanol bei 40°C umkristallisiert.

Fp 105°

Na-Allylsulfonat (*NaAS*)

In Anlehnung an Literaturdaten [1, 15, 16] wurde folgende Vorschrift erarbeitet:

Zu 200 g $Na_2SO_3 \cdot 7H_2O$ in 300 ml Wasser und 50 ml Alkohol werden bei 42°C Wasserbadtemperatur 63 g Allylchlorid unter Rühren eingetropft. Nach Zusatz von 100 ml Alkohol wird dann $^1/_2$ h bei 42°C nachgerührt und anschließend zum Sieden erhitzt. Nach dem Erkalten wird die Lösung filtriert und im Vakuum zur Trockene eingedampft. Der Rückstand wird zerkleinert und mit heißem Alkohol extrahiert. Beim Abkühlen der alkoholischen Lösung auf 0°C erhält man das Sulfonat in farblosen nadelförmigen Kristallen, ll. H_2O, l. heiß. A., Löslichkeit in Dimethylformamid bei 25°C: 1,7 bis 2,0 g/100 ml, Ausbeute: 76 g = 52,7%.

Analyse des Sulfonats (vgl. [17]):

Die Analyse erfolgte durch Bestimmung der Jodzahl sowie des S- und Cl-Gehaltes. Eine zuverlässige Aufschlußmethode für die S-Bestimmung ist der Na_2O_2-Aufschluß in der „WURZSCHMITT-Bombe"; Cl wird titrimetrisch bestimmt.

Analysenwerte: $C_3H_5O_3SNa$ (144,13)	Jodzahl	%S	% Cl
ber.	176,1	22,24	0,00
gef.	163,5	20,75	0,94[1])

Na-Methallylsulfonat (*NaMAS*)

Die Darstellung von NaMAS erfolgte analog der Herstellung von NaAS.

Der Grundansatz enthielt 505 g $Na_2SO_3 \cdot 7H_2O$, 750 ml Wasser, 100 ml Alkohol, dazu wurden bei 55 bis 60°C Wasserbadtemperatur 181 g Methallylchlorid getropft und anschließend noch 100 ml Alkohol zugesetzt.

Ausbeute: 205 g schuppenförmige Kristalle (A.) = 64,8% d. Th.

Analyse: analog NaAS-Analyse.

Die Bestimmung der Jodzahl ergibt Werte > 100%, möglicherweise infolge der als Nebenreaktion auftretenden Substitutionsreaktion am tertiären C-Atom [18].

Analysenwerte: $C_4H_7O_3SNa$ (158,15)

	Jodzahl	% C	% H	% S	% Na	% Cl⁻
ber.	160,49	30,38	4,46	20,27	14,54	0,0
gef.	175,2	30,42	4,33	19,61	14,51	[2])

3 *Binäre Copolymerisation*

Ziel der Untersuchungen war es, die Copolymerisationsparameter bei der Copolymerisation von Acn mit NaAS bzw. NaMAS im wäßrigen Medium zu bestimmen und zum Vergleich das Verhalten der Komponenten im organischen Medium kennenzulernen.

[1]) nach zweimaligem Umkristallisieren 0,24%.

[2]) unter der Erfaßbarkeitsgrenze.

3.1 *Wäßriges Medium*

3.1.1 *Versuchsdurchführung*

Folgende Polymerisationsansätze wurden gewählt: 300 ml H_2O dest., 10 ml ca. 30%iges H_2O_2 mit maximal 0,0005% SO_4 und 0,0002% N, 2 ml Eisessig und 30 g Monomeres. Die Verwendung von H_2O_2 als Initiator sollte ausschließen, daß stickstoff- oder schwefelhaltige Endgruppen unkontrolliert die Analysenwerte beeinflußten. Nach der Reaktion (70°C, unter Stickstoff) fielen die Polymeren in verschiedener Form an: Enthielt die Monomerenmischung neben Acrylnitril weniger als ca. 40 Mol% NaAS bzw. ca. 10 Mol% NaMAS, so resultierte eine flockige bis feinkörnige Suspension. Bei höherer Sulfonatkonzentration blieb das Copolymere in wäßriger Lösung, wobei ein Übergangsbereich mit schwerfiltrierbaren festen und mit gelösten Polymerteilchen existierte. Die Polymerisationszeit wurde so gehalten, daß ein Umsatz zu Polymeren von < 10% stattfand. Die in fester Form anfallenden Copolymeren wurden sofort abgesaugt und mit H_2O dest., anschließend mit Methanol gewaschen, während die wäßrigen Lösungen der Copolymeren mit höherem Anteil Sulfonat im Vakuum bei ca. 40°C aufkonzentriert und mit Alkohol versetzt wurden. Nach dem Abfiltrieren der Fällung wurde das restliche monomere Sulfonat mit Eisessig bei 70°C extrahiert und der Rückstand mit Methanol gewaschen. Bei den Copolymeren mit sehr hohen NaMAS-Anteilen (> 30 Mol%) konnte Eisessig nicht angewendet werden, da dann auch das Polymere in Lösung ging. Außerdem führte die Zugabe von Alkohol zur aufkonzentrierten Lösung zu keiner befriedigenden Fällung, so daß zunächst mit Aceton gefällt und dann mit Alkohol bei 70°C zweimal extrahiert wurde. Die Entfernung des monomeren Sulfonats durch Dialyse erwies sich bei den Copolymeren mit hohem Sulfonatanteil als weniger geeignet, da bei den niedrigen Polymerisationsgraden auch die Polymermoleküle zum größten Teil durch die Membran diffundierten. Die Trocknung der extrahierten Proben erfolgte in der Trockenpistole über P_2O_5 unter Vakuum und Beheizung durch Chloroform-Dampf.

3.1.2 *Ergebnisse und Diskussion*

In Tabelle 1 sind die Analysenwerte und die daraus berechneten Zusammensetzungen der Copolymeren aufgeführt. Aus dem Schwefelgehalt [19, 20] wurde der Sulfonatanteil, aus dem Stickstoffgehalt [21] der Acrylnitrilanteil ermittelt[3]), wobei jedoch eine Restsubstanz übrig blieb, die mit ansteigendem Sulfonatgehalt zunahm und trotz wiederholter Extraktion und Trocknung, auch bei höheren Temperaturen, nicht zu entfernen war. Die Gewichtsanteile Acn und Sulfonat im Copolymeren wurden auf die Differenz 100 minus Restgehalt bezogen und in Mol% ausgedrückt. Zur weiteren Charakterisierung dieses Restgehaltes wurden an den Proben RP 23 und RP 25 C und H durch Verbrennung bestimmt. Es ergaben sich folgende Werte:

RP 23	52,97% C	6,18 % H	gefunden
	(51,88% C	4,59% H	berechnet)
RP 25	43,23% C	6,79% H	gefunden
	(40,72% C	3,91% H	berechnet)

[3]) Für Homopolymerisat wurden dabei 25,80% N eingesetzt.

Tabelle 1. Copolymerisation von Acrylnitril (Acn) mit Natriumallylsulfonat (NaAS) bzw. Natriummethallylsulfonat (NaMAS) in wäßrigem Medium

Proben-Nr.	Monomerenverhältnis [Mol%]		% N	% S	Copolymer-zusammensetzung [Mol%]		Polymerisationszeit [min]	Art der Polymerisation
	Acn	NaAS			Acn	NaAS		
RP3	96,1	3,9	24,82	0,240	99,6	0,4	50	Fällung
RP5	91,7	8,3	24,18	0,487	99,1	0,9	55	Fällung
RP7	86,5	13,5	23,77	0,905	98,4	1,6	55	Fällung
RP9	80,6	19,4	23,24	0,921	98,3	1,7	50	Fällung
RP11	73,5	26,5	23,00	1,40	97,5	2,5	80	Fällung
RP21	65,0	35,0	21,26	1,71	96,7	3,3	80	Fällung
RP23	54,6	45,4	17,85	4,28	90,8	9,2	120	Lösung
RP25	41,6	58,4	9,46	7,24	75,4	24,6	180	Lösung
RP25W	41,6	58,4	11,93	8,25	77,2	22,8	240	Lösung
RP27	24,2	75,8	7,44	12,30	58,5	41,5	300	Lösung
RP37	12,5	87,5	4,66	9,96	52,3	47,7	420	Lösung
	Acn	NaMAS			Acn	NaMAS		
RP56	98,2	1,8	23,63	0,483	99,1	0,9	40	Fällung
RP29	96,4	3,6	20,95	0,625	98,7	1,3	40	Fällung
RP30	92,2	7,8	21,60	2,10	96,0	4,0	80	Fällung
RP32	81,5	18,5	13,94	5,62	85,3	14,7	120	Lösung
RP34	66,2	33,8	9,48	9,25	70,6	29,4	180	Lösung
RP54	55,8	44,2	8,83	11,67	63,9	36,1	300	Lösung
RP60	42,4	57,6	7,50	9,65	64,5	35,5	420	Lösung
RP39	24,6	75,4	5,46	12,95	50,0	50,0	420	Lösung
RP59	13,4	86,6	2,95	14,57	32,1	67,9	420	Lösung

Die berechneten Werte entsprechen der Zusammensetzung nur auf Grund der S- und N-Gehalte. Bei den gefundenen Werten ist eine geringe Erhöhung des C-Gehaltes, dagegen ein merklich größerer H-Gehalt zu verzeichnen. Selbst unter Berücksichtigung der Analysenfehler ist anzunehmen, daß ein kleiner Teil der Restsubstanz den Endgruppen (CH_3COO—, HO—), ein wesentlicher Teil gebundenem Wasser zuzuschreiben ist. Von *Kern* und von *Breslow* wurde bereits auf diese Erscheinung bei Vinylsulfonatpolymeren hingewiesen [22, 23]. Eine Wasserbestimmung nach *Karl Fischer* an einer DMF-Lösung der Probe RP 30 ergab 4,8% H_2O, d. h., der größte Teil des gefundenen Restgehaltes von 6,1% ist als H_2O definiert. Der Anteil der Endgruppen erhöht sich mit zunehmendem Sulfonatgehalt im Copolymeren, wie aus der Gegenüberstellung der C-Werte der Proben RP 23 und RP 25 hervorgeht. Diese Erhöhung erklärt sich durch eine entsprechende Abnahme des Polymerisationsgrades bei Vorherrschen der Allylverbindungen im Polymerisationsmedium. Viskositätsmessungen an 0,5%igen Lösungen in Wasser bei 25°C nach *Ubbelohde* ergaben z. B. für RP 39 einen Wert von $\eta_{rel} = 1{,}0112$ gegenüber $\eta_{rel} = 1{,}0061$ für monomeres Allylsulfonat und $\eta_{rel} = 1{,}0153$ für polymeres NaAS.

Die in Tabelle 1 aufgeführten Molverhältnisse Acn zu NaAS bzw. NaMAS im Copolymeren sind in Bild 1 gegen die Molverhältnisse der entsprechenden Monomerenmischungen graphisch aufgetragen. Man erkennt, daß die sich ergebenden Copolymerisationskurven beim Übergang vom heterogenen (Fällungspolymerisation) zum homogenen (Lösungspolymerisation) System einen Sprung aufweisen. Dieser Befund läßt sich mit Hilfe der von *Brandrup* [24] entwickelten Vorstellung erklären: In den ausfallenden Polymerteilchen findet eine bevorzugte Adsorption des Monomeren geringerer Löslichkeit, in diesem Falle Acn, statt, so daß die Copolymerisation durch die veränderten Konzentrationsverhältnisse zugunsten des Acn beeinflußt wird. Wir haben zur Berechnung der Reaktivitäten (r-Werte) die Kurven des überwiegenden homogenen Teiles der Copolymerisation zugrunde gelegt und in den heterogenen Bereich extrapoliert.

Nach der graphischen Schnittpunktbestimmung von *Mayo* und *Lewis* [25] an Hand der bekannten Copolymerisationsgleichung und der graphischen Methode von

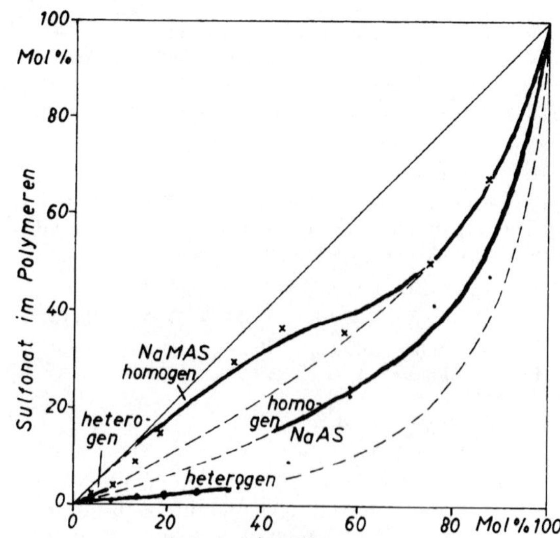

Bild 1. Copolymerisation von Acrylnitril mit Natriumallylsulfonat (NaAS) bzw. Natriummethallylsulfonat (NaMAS) in wäßrigem Medium

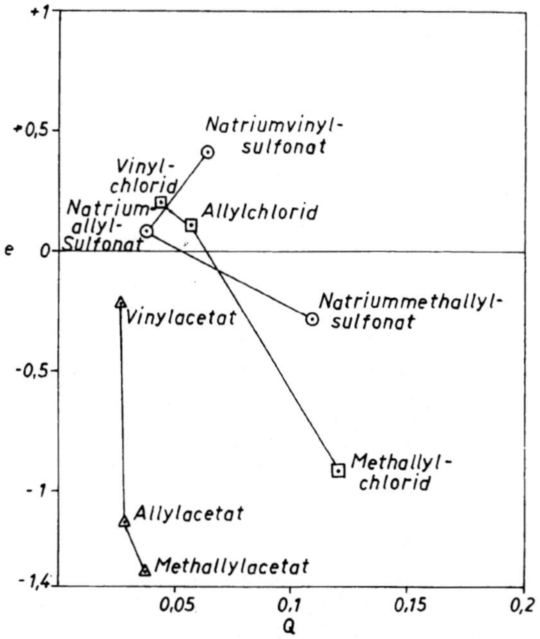

Bild 2. Q- und e-Werte (nach *C. C. Price*) von Vinyl-, Allyl- und Methallylverbindungen

Fineman und *Ross* [26] wurden folgende r-Werte ermittelt

Acn	$r_1 = 4,1 \pm 0,1$	Acn	$r_1 = 0,93 \pm 0,05$
NaAS	$r_2 = 0,07 \pm 0,02$	NaMAS	$r_2 = 0,12 \pm 0,02$
	$r_1 \cdot r_2 = 0,287$		$r_1 \cdot r_2 = 0,112$

Diese Parameter lassen die Aussage zu, daß nur in dem System Acn-NaMAS eine beidseitige Tendenz zur Alternierung besteht. Die größere Reaktivität dieses Systems geht weiterhin aus den Produkten der r-Werte hervor.

Nach der von *Alfrey* und *Price* [27] aufgestellten Beziehung wurden nun die e- und Q-Werte errechnet, wobei für Acn die von *Young* [28] angegebenen Durchschnittswerte $e = 1,20$ und $Q = 0,60$ als Bezugsgrößen dienten. Wir erhielten folgende Werte:

NaAS	$e = +0,08$	NaMAS	$e = -0,28$
	$Q = 0,038$		$Q = 0,109$

Diese strukturbedingten Parameter weisen die auch von anderen Autoren bei Allylverbindungen gefundenen charakteristisch niedrigen Werte auf [28] (Bild 2). Bei NaMAS wird gegenüber NaAS durch die Methylgruppe in α-Stellung in Übereinstimmung mit den theoretischen Vorstellungen der e-Wert noch mehr herabgesetzt und der Q-Wert erhöht. Damit findet die merklich höhere Reaktivität des NaMAS auch eine theoretisch begründete Erklärung.

Nach *Price* [29] beeinflußt die Sulfon- oder Sulfonsäuregruppe des Substituenten die olefinische C—C-Doppelbindung als Elektronenacceptor, so daß ein positiver e-Effekt zu erwarten wäre. Für Natriumvinylsulfonat wurde das auch gefunden [23, 30]. In Bild 2 sind die von *Young* angegebenen Werte eingetragen [28]. Durch die zwischengelagerte Methylengruppe bei NaAS wird dieser Effekt jedoch erheblich abgeschwächt und infolge der α-ständigen Methylgruppe, die als Elektronendonator wirkt, bei NaMAS ausgeprägt negativ. Die gleiche Erscheinung ist bei der Gegenüberstellung von Vinyl-, Allyl- und Methallylchlorid zu beobachten [28]. Bei den Sulfonaten ist außerdem noch zu berücksichtigen, daß sie dissoziiert vorliegen, wodurch die e-Werte in negativer Richtung beeinflußt werden.

Von *Katayama* u. Mitarb. [31] wurden vor kurzem die Ergebnisse der Copolymerisation von Acn und NaAS in wäßrigem Medium und in Dimethylsulfoxyd (DMSO) veröffentlicht. Die r-Werte, die in Wasser offenbar nur aus dem heterogenen Bereich ermittelt wurden, liegen etwa in der Höhe der von uns für den homogenen Bereich bestimmten Werte ($r_1 = 4,94 \pm 0,06$, $r_2 = 0,07 \pm 0,06$). Nach unseren Messungen im heterogenen Bereich (s. oben) würden sich folgende „scheinbaren" r-Werte ergeben:

Acn	$r_1 = 10$	Acn	$r_1 = 2$
NaAS	$r_2 = 0,05$	NaMAS	$r_2 = 0,2$

Es liegt die Vermutung nahe, daß infolge Anwendung des Redoxsystems Persulfat—Bisulfit von den japanischen Autoren zu hohe Schwefelgehalte gefunden wurden.

3.2 *Organisches Medium*

Die von *Katayama* u. Mitarb. veröffentlichten Werte für die Copolymerisation in DMSO ($r_1 = 0,69 \pm 0,05$, $r_2 = 0,18 \pm 0,05$) weichen von den Werten, die wir im heterogenen, aber auch im homogenen wäßrigen System erhielten, wesentlich ab. Bei den von uns durchgeführten Messungen in DMF konnten infolge der geringeren Löslichkeit des NaAS in DMF nur die Reaktivitäten im Bereich niedriger Sulfonatanteile ermittelt werden.

3.2.1 *Versuchsdurchführung*

Als Initiator wurde Azobisisobutyronitril (ABIN) verwendet. Die Polymerisationsansätze waren wie folgt zusammengesetzt: 70 g DMF, 30 g Monomeres, 0,45 g ABIN. Bei 50 °C wurde unter Stickstoff nach ca. 5 bis 6 h ein Umsatz von 3 bis 5% zu Polymerem erzielt. Die Proben wurden sofort in 5%iger Salzsäure ausgefällt und mit H_2O dest., anschließend mit Methanol ausgewaschen. Die Trocknung erfolgte im Vakuumtrockenschrank bei 60 °C.

3.2.2 *Ergebnisse und Diskussion*

In Tabelle 2 sind die Analysenwerte und die daraus errechneten Zusammensetzungen der Copolymeren aufgeführt. Auch bei diesen Proben war ein Restgehalt festzustellen, der mit ansteigendem Sulfonatanteil zunahm und offensichtlich infolge der Fällung in verdünnter Salzsäure auf Hydratisierung zurückzuführen

Tabelle 2. Copolymerisation von Acrylnitril (Acn) mit Natriumallylsulfonat (NaAS) in Dimethylformamid (DMF)

Proben-Nr.	Monomerenverhältnis [Mol%]		% N	% S	Copolymerzusammensetzung [Mol%]	
	Acn	NaAS			Acn	NaAS
L12	99,4	0,6	24,43	0,481	99,1	0,9
L13	98,7	1,3	23,62	0,761	98,7	1,3
L14	98,1	1,9	23,47	0,955	98,3	1,7
L15	97,4	2,6	22,55	1,348	97,6	2,4

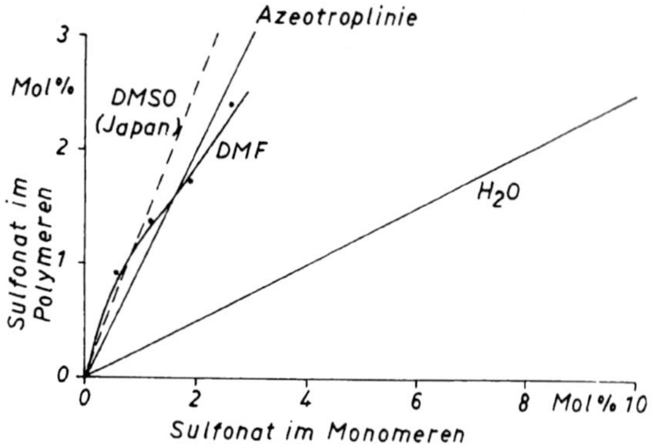

Bild 3. Copolymerisation von Acrylnitril mit Natriumallylsulfonat in Dimethylformamid (DMF), in wäßrigem Medium (H_2O) und in Dimethylsulfoxyd (DMSO)

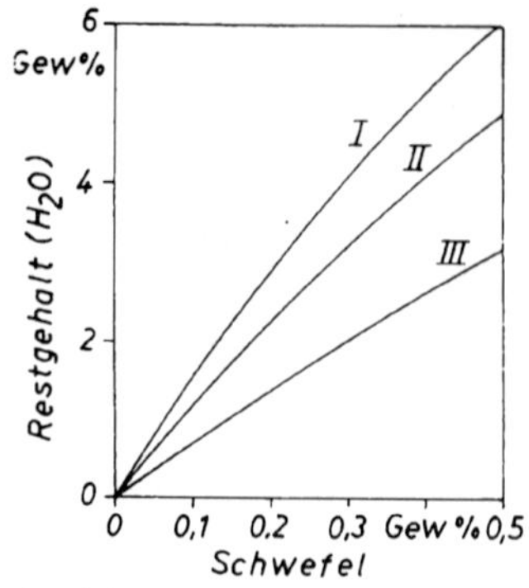

Bild 4. Hydratisierung des Sulfonats im Copolymeren
I Acn—NaMAS in wäßrigem Medium
II Acn—NaAS „ „ „
III Acn—NaAS „ DMF polymerisiert, „ wäßrigem HCl gefällt

ist (vgl. Bild 4). In Bild 3 sind die Mol-Anteile im Copolymeren gegen die entsprechende Monomerenzusammensetzung aufgetragen. Der sich ergebende Kurvenbeginn der Copolymerisation wurde dem aus den r-Werten der japanischen Autoren ermittelten Kurvenbeginn bei Anwendung von DMSO und dem von uns extrapolierten Anfang der Polymerisationskurve für homogenes Medium in H_2O gegenübergestellt. In diesem Bereich überwiegenden Anteils von Acn verläuft im Gegensatz zum wäßrigen Medium bei Verwendung der organischen Lösungsmittel die Copolymerisation offensichtlich annähernd azeotrop.

Die von den japanischen Autoren ermittelten Strukturparameter für NaAS weisen gegenüber den von uns bestimmten Werten für die homogene Copolymerisation in H_2O eine Zunahme des Q-Wertes und eine Umkehrung des e-Wertes ins Negative auf, wenn jene Werte auf die von uns benutzten Bezugsgrößen für Acn umgerechnet werden ($Q = 0{,}154$ (DMSO) gegenüber 0,038 (H_2O), $e = -0{,}24$ (DMSO) gegenüber $+0{,}08$ (H_2O)). Wenn man berücksichtigt, daß das Sulfonat in wäßrigem Medium dissoziiert, dagegen in DMSO bzw. DMF praktisch undissoziiert vorliegt, ist für den letzteren Fall eher ein positiver e-Wert zu erwarten. Zum Beispiel wird in der Zusammenstellung der Copolymerisationsparameter von *Young* [28] für das undissoziierte n-Butylvinylsulfonat $e = +1{,}19$ und $Q = 0{,}13$ und für das dissoziierte Natriumvinylsulfonat $e = +0{,}41$ und $Q = 0{,}064$ angegeben. In die gleiche Richtung deuten die Ergebnisse einer Arbeit von *Herma* [32], der bei der Copolymerisation von Acn mit Acrylsäure in DMF einen höheren e-Wert als mit dem Acrylation in H_2O fand. Zur Klärung dieser Diskrepanz bei NaAS bedarf es noch weiterer Untersuchungen.

4 *Ternäre Copolymerisation*

Zur Verbesserung der Löslichkeit des Polymerisats und der textilen Eigenschaften der entsprechenden Fasern werden bevorzugt Acryl- oder Vinylester zur Copolymerisation mit Acn verwendet. Insbesondere eignen sich hierfür Methylacrylat (MA) und Vinylacetat (Vac), die im folgenden als dritte Komponenten in den Betrachtungskreis einbezogen werden sollen. Unsere Untersuchungen beschränkten sich dabei nur auf den Bereich der Copolymerzusammensetzung, der für Faserzwecke als optimal anzusehen ist.

4.1 Wäßriges Medium

4.1.1 Versuchsdurchführung

Die Copolymerisation wurde wie bei den binären Systemen, im gleichen Reaktionsmedium (H_2O_2—CH_3COOH) unter gleichen Bedingungen, durchgeführt. Die Umsätze zu Polymerem wurden $< 10\%$ gehalten. Alle Versuchsansätze beschränkten sich allerdings nur auf die heterogene Phase. Die Anteile von NaAS und NaMAS im Monomerengemisch wurden annähernd konstant gehalten, während das Verhältnis der Vac- bzw. MA-Anteile zu Acn variiert wurde. Die ausfallenden Copolymeren wurden, wie oben beschrieben, abgesaugt, gewaschen und getrocknet.

4.1.2 Ergebnisse und Diskussion

In Tabelle 3 sind die Analysenwerte und die daraus berechneten Zusammensetzungen der Copolymeren aufgeführt. Bei der Berechnung wurden die Restgehalte, wie sie beim binären System ermittelt wurden, entsprechend dem gefundenen Sulfonatanteil berücksichtigt (Bild 4).

Aus den ermittelten Werten ist deutlich zu entnehmen, daß Vac sowohl in Gegenwart von NaAS als auch von NaMAS zu geringerem Anteil, dagegen MA praktisch azeotrop mit Acn copolymerisiert. Dabei fällt weiterhin auf, daß im untersuchten Konzentrationsbereich ($\leqq$ ca. 10 Mol%) die Copolymerisationstendenz beider Komponenten im System mit NaMAS etwas gemindert wird im Vergleich zum System mit NaAS. Darüber hinaus zeigen die Werte der NaAS- und NaMAS-Anteile im Copolymerisat bei zunehmendem Vac-Gehalt einen Anstieg bzw. annähernd gleiche Höhe, dagegen bei Einsatz steigender Mengen von MA einen deutlichen Abfall. Diese Ergebnisse sind in einer großen Zahl von Versuchen bestätigt und reproduziert worden.

Diese empirischen Feststellungen können nun durch theoretische Berechnungen fundiert werden. Zu dem Zwecke ist es zunächst erforderlich, die Reaktivitätsverhältnisse der entsprechenden binären Systeme im wäßrigen heterogenen Medium zu kennen. Die r-Werte für Acn-Sulfonat wurden im ersten Teil dieser Arbeit behandelt, für Acn—Vac bzw. Acn—MA sind diese Parameter von *Brandrup* [24] früher untersucht worden. Die Reaktivitäten zwischen den Esterkomponenten und den Sulfonaten können aus den e- und Q-Werten

Tabelle 3. Copolymerisation von Acrylnitril (Acn) mit Vinylacetat (Vac) bzw. Methylacrylat (MA) und Natriumallylsulfonat (NaAS) bzw. Natriummethallylsulfonat (NaMAS) in wäßrigem Medium

Proben-Nr.	Monomerenverhältnis [Mol%]			% N	% S	Copolymerzusammensetzung [Mol%]		
	Acn	Vac	NaAS			Acn	Vac	NaAS
RP3	96,1	—	3,9	24,82	0,240	99,6	—	0,4
RP40	92,6	3,4	4,0	24,27	0,226	97,6	2,0	0,4
RP41	89,0	6,9	4,1	23,53	0,257	96,1	3,4	0,5
RP53	85,3	10,5	4,2	21,92	0,455	93,4	5,8	0,8
	Acn	MA	NaAS			Acn	MA	NaAS
RP3	96,1	—	3,9	24,82	0,240	99,6	—	0,4
RP46	92,6	3,4	4,0	24,13	0,105	96,8	3,0	0,2
RP47	89,0	6,9	4,1	22,48	0,166	92,9	6,8	0,3
RP48	85,3	10,5	4,2	21,31	0,059	89,0	10,8	0,2
	Acn	Vac	NaMAS			Acn	Vac	NaMAS
RP56	98,2	—	1,8	23,63	0,488	99,1	—	0,9
RP52	94,9	3,3	1,8	23,50	0,411	98,2	1,1	0,7
RP44	91,6	6,6	1,8	23,27	0,417	97,7	1,6	0,7
RP43	87,9	10,2	1,9	23,05	0,420	94,1	5,1	0,8
	Acn	MA	NaMAS			Acn	MA	NaMAS
RP56	98,2	—	1,8	23,63	0,488	99,1	—	0,9
RP49	94,9	3,3	1,8	24,07	0,258	98,4	1,1	0,5
RP50	91,6	6,6	1,8	22,79	0,156	94,1	5,6	0,3
RP51	87,9	10,2	1,9	21,75	0,105	90,9	8,9	0,2
RP61	84,3	13,8	1,9	19,87	0,045	85,0	14,9	0,1

nach der *Alfrey-Price*schen Beziehung [27] ermittelt werden.

Bei dieser Berechnung über substanzgebundene Strukturwerte erachteten wir es jedoch für notwendig, die realen *r*-Werte der homogenen Copolymerisation (Acn-Ester und Acn-Sulfonat) zugrunde zu legen. Eine direkte experimentelle Bestimmung der *r*-Werte dieses Systems würde ebenfalls nicht die heterogenen Verhältnisse im ternären System erfassen, da die beiden Komponenten vorwiegend homogen copolymerisieren. Wie sich aber bei der Berechnung der ternären Zusammensetzung herausstellte, fällt in dem Untersuchungsbereich die Reaktivität zwischen Ester und Sulfonat nur unwesentlich ins Gewicht, so daß dieser unvermeidbare Fehler vernachlässigt werden kann.

Für die *r*-Wert-Berechnung wurden folglich die von *Young* [28] angegebenen mittleren *e*- und *Q*-Werte der Ester eingesetzt:

	e	Q
Vinylacetat	$-0,22$	0,026
Methylacrylat	$+0,60$	0,42

Bei den Sulfonaten benutzten wir die von uns aus dem homogenen wäßrigen Medium ermittelten *e*- und *Q*-Werte (3.1.2).

Folgende *r*-Werte wurden nunmehr der Berechnung für das Dreikomponentensystem (nach *C. Walling* und *E. R. Briggs* [33]) zugrunde gelegt:

Acn	$r_{12} = 2,4$	Acn	$r_{12} = 0,85$	Acn	$r_{13} = 10$	Acn	$r_{13} = 2,0$
Vac	$r_{21} = 0,14$	MA	$r_{21} = 1,15$	NaAS	$r_{31} = 0,05$	NaMAS	$r_{31} = 0,2$
Vac	$r_{23} = 0,64$	MA	$r_{23} = 8,09$	Vac	$r_{23} = 0,24$	MA	$r_{23} = 3,66$
NaAS	$r_{32} = 1,43$	NaAS	$r_{32} = 0,094$	NaMAS	$r_{32} = 4,12$	NaMAS	$r_{32} = 0,20$

Tabelle 4. Auf Grund von r-Werten berechnete Copolymerzusammensetzung der ternären Systeme in wäßrigem Medium

Monomerenverhältnis [Mol%]			Copolymerzusammensetzung [Mol%]			ohne Sulfonat [Mol-Anteile]	
Acn	Vac	NaAS	Acn	Vac	NaAS	Acn	Vac
96	—	4	99,6	—	0,41	99,6	—
93	3	4	98,3	1,3	0,43	98,3	1,3
85	11	4	94,6	4,9	0,47	94,3	5,2
Acn	MA	NaAS	Acn	MA	NaAS	Acn	MA
96	—	4	99,6	—	0,41	99,6	—
93	3	4	96,0	3,6	0,42	95,8	3,8
85	11	4	86,5	13,1	0,43	84,5	15,1
Acn	Vac	NaMAS	Acn	Vac	NaMAS	Acn	Vac
98	—	2	99	—	1,00	99	—
95	3	2	97,7	1,3	1,02	97,7	1,3
87	11	2	94,2	4,7	1,06	92,3	6,6
Acn	MA	NaMAS	Acn	MA	NaMAS	Acn	MA
98	—	2	99,0	—	1,00	99,0	—
95	3	2	95,4	3,6	0,99	95,3	3,7
87	11	2	86,3	12,7	0,94	80,1	18,9

In Tabelle 4 sind die daraus berechneten Copolymerzusammensetzungen bei den Monomerenverhältnissen aufgeführt, die den experimentellen annähernd gleichgesetzt sind. Außerdem enthält die Tabelle die Zusammensetzungen, die sich ergeben würden, wenn man Resultate von Homo- bzw. Copolymerisations-Versuchen ohne Sulfonat zugrunde legt und bei der Prozentberechnung die im ternären System gefundenen Sulfonatanteile berücksichtigt. Daraus ist zu erkennen, daß die Gegenwart des Sulfonates in der Monomerenmischung bei der ternären Copolymerisation den Esteranteil im Copolymerisat herabsetzt.

Dieser Effekt ist trotz der unterschiedlichen Reaktivitäten der beiden Ester und der beiden Sulfonate bei allen Kombinationen festzustellen. Er kann durch die Produkte der *r*-Werte als Ausdruck der Alternierungstendenz veranschaulicht werden:

Produkte der *r*-Werte (homogenes System in H_2O)

	Acn	Vac	MA
NaAS	0,287	0,915	0,760
NaMAS	0,112	0,988	0,732

Danach haben die Systeme Acn—NaAS und Acn—NaMAS größere Alternierungstendenz als die Systeme Vac—NaAS, Vac—NaMAS, MA—NaAS und MA—NaMAS, so daß in jenen Systemen die Reaktionen bevorzugt stattfinden und die Esteranteile im ternären Copolymeren etwas herabgemindert werden.

Betrachtet man nun in Tabelle 4 den Einfluß steigender Mengen Ester auf den Sulfonatanteil im Copolymerisat, so zeigt sich, daß in Gegenwart von Vac eine geringe Zunahme beider Sulfonate, bei Einsatz von MA eine unwesentliche Zunahme des NaAS und eine deutliche Abnahme des NaMAS stattfinden sollte.

Ein Vergleich der theoretisch berechneten mit den experimentellen Werten (Tabellen 3 und 4) zeigt annähernd übereinstimmende Tendenzen, wobei die vielfältigen Fehlerquellen bei den theoretischen Berechnungen einerseits und bei der analytischen Bestimmung andererseits — besonders hinsichtlich der geringen Sulfonatanteile — berücksichtigt werden müssen. Die Abweichungen der experimentellen Sulfonatwerte von den berechneten können außerdem den nicht völlig erfaßten Einflüssen der selektiven Adsorption der Monomeren im ternären heterogenen System zugeschrieben werden.

4.2. Organisches Medium

Die Versuche zur ternären Copolymerisation in DMF wurden nur mit MA und Äthylacrylat (ÄA) als dritter Komponente durchgeführt.

4.2.1 Versuchsdurchführung

Die Polymerisationsansätze wurden in gleicher Monomerenkonzentration (30%) wie bei der binären Copolymerisation in DMF gehalten, jedoch wurde nur 1% ABIN, bezogen auf das Monomerengemisch, verwendet und eine Temperatur von 43°C gewählt. Die Ausfällung und Weiterbehandlung der Proben erfolgte wie beim binären System. Bei konstanten Monomerenverhältnissen, die den geeigneten Spinnbedingungen angepaßt waren, wurde die Polymerisationszeit und damit die Umsatzhöhe variiert.

4.2.2 Ergebnisse und Diskussion

In Tabelle 5 sind die Analysenwerte und die daraus errechneten Copolymerzusammensetzungen aufgeführt. Die auch bei diesen Versuchen zu erwartenden Restgehalte wurden wieder, wie oben beschrieben, bei der Berechnung berücksichtigt (Bild 4).

Aus den beiden Versuchsreihen mit MA bzw. ÄA geht hervor, daß auch im ternären System diese Komponenten in annähernd gleichem Mengenanteil copolymerisieren, jedoch ist dieser Anteil wesentlich geringer, als dem Monomerenverhältnis entspricht. Andererseits weist der NaAS-Anteil im Copolymeren ebenso wie im binären System mit Acrylnitril eine Erhöhung gegenüber dem Monomerenanteil zu Beginn der Copolymerisation auf. Die daraus sich ergebende Veränderung der Monomerenkonzentration wirkt sich bei fortschreitendem Umsatz zu Polymerem in einer allmählichen Abnahme des NaAS-Anteils im Copolymeren aus.

Diese Reaktivitätsverhältnisse im ternären System sollen nun ebenfalls wie bei der Copolymerisation im wäßrigen Medium an Hand der binären Systeme erörtert werden. Die dafür erforderlichen *r*-Werte wurden bei dem System Acn—Acrylat von *Brandrup* [24] und für das System Acn—NaAS von *Katayama* u. Mitarb. [31] übernommen, wobei wir voraussetzten, daß in DMSO annähernd die gleichen Reaktivitäten wie in DMF — zumindest in dem Untersuchungsbereich — auftreten (Bild 3). Die *r*-Werte für das System Acrylat—Sulfonat wurden aus den *e*- und *Q*-Werten nach der *Alfrey-Price*schen Beziehung berechnet:

	e	*Q*
MA bzw. ÄA	+ 0,294	0,607 (nach *Brandrup*)
NaAS	— 0,24	0,154 (nach *Katayama*)

Im folgenden sind die *r*-Wert-Paare aufgeführt, die einer Berechnung der ternären Copolymerisation zugrunde gelegt werden sollen:

Acn—Acrylat	Acn—NaAS	Acrylat—NaAS
$r_{12} = 1{,}17$	$r_{13} = 0{,}69$	$r_{23} = 3{,}37$
$r_{21} = 0{,}67$	$r_{31} = 0{,}18$	$r_{32} = 0{,}22$

Tabelle 5. Copolymerisation von Acrylnitril (Acn) mit Methyl- (MA) bzw. Äthylacrylat (ÄA) und Natriumallylsulfonat (NaAS) in Dimethylformamid (DMF)

Proben-Nr.	Monomerenverhältnis [Mol%]			Umsatz [%]	% N	% S	Copolymerzusammensetzung [Mol%]		
	Acn	MA	NaAS				Acn	MA	NaAS
L 1097	94,0	5,5	0,5	19	23,70	0,347	96,4	2,9	0,7
				47	23,67	0,330	96,4	3,0	0,6
				57	23,94	0,300	97,0	2,5	0,5
	Acn	ÄA	NaAS				Acn	ÄA	NaAS
L 1096	94,7	4,7	0,6	16	23,61	0,370	96,7	2,6	0,7
				60	23,79	0,300	96,9	2,5	0,6
				74	24,09	0,264	96,5	3,0	0,5

Für MA und ÄA können nach *Brandrup* die gleichen *r*-Werte bei der Copolymerisation mit Acn in DMF angenommen werden. Sie zeigen im Gegensatz zu den *r*-Werten bei der Copolymerisation im wäßrigen Medium, daß Acn etwas stärker einpolymerisiert; andererseits deuten die *r*-Werte in Relation zu NaAS ein stärkeres Einpolymerisieren der Acrylate gegenüber dem Acn an. Demzufolge ist bei der Berechnung der Copolymerzusammensetzung im ternären System ein etwas höherer Acrylatanteil als im binären System ohne Sulfonat zu erwarten.

Folgende Zusammensetzungen wurden entsprechend dem experimentellen Monomerenverhältnis mit und ohne Sulfonatanteil für das Copolymere errechnet:

Acn	94,6 Mol%	92 Mol%
MA	4,7 ,,	4,6 ,,
NaAS	0,7 ,,	—

Vergleicht man diese Werte mit den gefundenen (Tabelle 5), so ist gute Übereinstimmung hinsichtlich des Sulfonatanteils festzustellen, während der Esteranteil etwas differiert, jedoch die gleiche zu erwartende Tendenz zeigt. Die Abweichungen liegen im Rahmen der vielfältigen Fehlerquellen, auf die bereits an anderer Stelle hingewiesen wurde.

5 Zusammenfassung

Die Untersuchungen der Copolymerisation von Acrylnitril mit Natriumallylsulfonat ergaben, daß das Polymerisationsmedium wesentlichen Einfluß auf die Reaktivitätsverhältnisse hat. Im organischen Medium, insbesondere in Dimethylformamid, wurde eine größere Alternierungstendenz als in saurem wäßrigen Medium gefunden. Die geringe Löslichkeit des Sulfonates in Dimethylformamid ermöglicht jedoch nur eine Gegenüberstellung im Bereich überwiegenden Acrylnitrilanteils. Japanische Autoren befaßten sich mit der Copolymerisation derselben Komponenten in Dimethylsulfoxyd, in dem das Sulfonat besser löslich ist und die *r*-Werte bestimmt werden konnten. Sie kamen zu derselben Feststellung bei dem Vergleich mit der Copolymerisation in wäßrigem Medium. Während diese Autoren jedoch das unterschiedliche Copolymerisationsverhalten auf die Ausfällung des Copolymeren im wäßrigen Medium gegenüber der homogenen Polymerlösung im organischen Medium zurückführten, konnten wir nachweisen, daß auch die homogene Copolymerisation in Wasser unterschiedlich verläuft. Weiterhin erwies sich Natriummethallylsulfonat in wäßrigem Medium als wesentlich reaktionsfähigere Komponente bei der Copolymerisation mit Acrylnitril.

Bei den Untersuchungen der ternären Copolymerisation mit Vinylacetat als dritter Komponente in wäßrigem Medium ergab sich, daß sowohl der Allyl- als auch der Methallylsulfonatanteil im Copolymeren gegenüber den Verhältnissen im binären System erhöht wird, während der Esteranteil sich verringert. Dagegen weist die Anwendung von Methylacrylat als dritte Komponente entgegengesetzte Tendenzen auf, wobei jedoch im Vergleich zur Copolymerisation ohne Sulfonat auch dieser Ester zu geringerem Anteil copolymerisiert. In Dimethylformamid zeigt Methylacrylat in gleicher Weise wie Äthylacrylat geringere Neigung zur Copolymerisation mit Acrylnitril, die jedoch in Gegenwart von Natriumallylsulfonat etwas erhöht wird. Der Sulfonatanteil im Copolymeren wird durch die Gegenwart des Acrylats unwesentlich beeinflußt.

Unser Dank gilt Frl. *Lange* und Herrn *Schauder* für ihre Hilfe bei der experimentellen Arbeit. Frl. *Krüger* und Herrn *Hoyme* sind wir für die Ausführung der zahlreichen Analysen zu Dank verpflichtet.

Literatur

[1] USP 2601256 (27. 10. 50/24. 6. 52).

[2] FrP 1106816 (3. 8. 54/27. 7. 55/US-Prior. 3. 8. 53).

[3] GBP 823345 (11. 7. 57/11. 11. 59/US-Prior. 12. 7. 56).

[4] JaP 14645 — 6/61 (5. 12. 59/29. 8. 61) ref. C. A. **56** (1962) 10, 11846.

[5] JaP 8995/62 (22. 9. 60/23. 7. 62) ref. Derwent Japanese Patent Report **1** (1962) No. 26, Kap. 1, S. 14.

[6] JaP 17639/61 (25. 3. 60/28. 9. 61) ref. C. A. **56** (1962) 12, 14497.

[7] JaP 2844/61 (20. 1. 59/10. 4. 61) ref. C. A. **56** (1962) 10, 11792.

[8] GBP 862499 (13. 8. 58/8. 3. 61).
FrP 1233855 (13. 8. 59/17. 6. 60).

[9] JaP 14041/61 (12. 1. 59) ref. C. A. **56** (1962) 9, 10416.

[10] JaP 15416/62 (11. 8. 60/28. 9. 62) ref. Derwent Japanese Patent Report **1** (1962) No. 36, Kap. 2, S. 2.

[11] GBP 801420 (8. 10. 56/10. 9. 58/US-Prior. 31. 10. 55).
FrP 1165434 (17. 10. 56/2. 6. 58).

[12] GBP 796294 (16. 9. 55/11. 6. 58).
FrP 1170177 (15. 9. 56/12. 1. 59).
FrP 77967, Zusatz zu FrP 1170177 (24. 6. 60/9. 4. 62/Brit. Prior. 25. 6. 59).

[13] JaP 1288/61 (11. 3. 61) ref. C. A. **55** (1961) 21, 21664.

[14] *Grabiel, C. E.*, und *Decker, D. L.*, J. Polymer Sci. **59** (1962) S. 425—431.

[15] *Belous, M.*, und *Posstowski, J. Ja.*, Ž. obščej Chimii (Z. allg. Chemie) **20** (1950) S. 1701—1710.

[16] *v. Rad, A.*, Ann. Chem. Pharm. Liebigs Ann. Chem. 161 (1872) S. 218.

[17] *Bartels, U.*, und *Hoyme, H.*, Faserforsch. u. Textiltechn. **14** (1963) S. 547—548.

[18] *Critchfield, E. F.*, Organic Functional Group Analysis. Oxford: Pergamon Press. 1963, S. 110.

[19] *Bartels, U.*, und *Hoyme, H.*, Chem. Technik **11** (1959) S. 600—603.

[20] *Philipp, B.*, und *Schmidt, J.*, Faserforsch. u. Textiltechnik. **13** (1962) S. 473—475.

[21] *Bartels, U.*, Faserforsch. u. Textiltechn. **8** (1957) S. 194 bis 195.

[22] *Kern, W.*, *Kalè, V. V.*, und *Scherhag, B.*, Makromol. Chem. **32** (1959) S. 37—44.

[23] *Breslow, D. S.*, und *Kutner, A.*, J. Polymer Sci. **27** (1958) S. 295—312.

[24] *Brandrup, J.*, Faserforsch. u. Textiltechn. **12** (1961) S. 133—140, 208—213.

[25] *Mayo, F. R.*, und *Lewis, F. M.*, J. amer. chem. Soc. **66** (1944) S. 1594.

[26] *Fineman, M.*, und *Ross, S. D.*, J. Polymer Sci. **5** (1950) S. 259—264.

[27] *Alfrey jr., T.*, und *Price, C. C.*, J. Polymer Sci. **2** (1947) S. 101—106.

[28] *Young, L. J.*, J. Polymer Sci. **54** (1961) S. 411—455.

[29] *Price, C. C.*, Mechanismus of Reactions at Carbon-carbon-double Bonds. New York: Interscience Publ. 1946.

[30] *Kunichika, S.*, und *Katagiri, T.*, J. chem. Soc. Japan, ind. Chem. Sect. [Kogyo Kagaku Zasshi] **64** (1961) S. 929 bis 932.

[31] *Miyamichi, K.*, *Suzuki, A.*, *Harada, S.*, und *Katayama, M.*, Chem. high Polymers, Tokyo **21** (1964) 225, S. 79 bis 82.

[32] *Herma, H.*, Dissertation Jena 1964.

[33] *Walling, C.*, und *Briggs, E. R.*, J. amer. chem. Soc. **67** (1945) S. 1774—1778.

Eingegangen am 27. Juli 1964.

Die Startreaktion bei anionischer Caprolactampolymerisation. Zur Chemie aliphatischer Aminoacyl-lactame[1)2)]

Gerhard Reinisch

Deutsche Akademie der Wissenschaften zu Berlin, Institut für Faserstoff-Forschung in Teltow-Seehof, Abt. Synthetische Fasern aus Polykondensaten

DK 678.675'126:542.952.6:547.466.3—318

Die präparative Gewinnung von Carbobenzoxyverbindungen und Salzen aliphatischer Aminoacyl-lactame, ihre papierchromatographische Analytik und die Folgereaktionen zweier freier Verbindungen dieses Typs werden beschrieben. Die analysenreinen Salze des Aminocaproylcaprolactams dienten als authentische Vergleichssubstanzen bei der organisch-analytischen Untersuchung der Startreaktion bei anionischer Caprolactampolymerisation. Aus Modellschmelzen konnte nach Kurzwegdestillation sowie durch fraktionierte Molekulardestillation Aminocaproyl-caprolactam als das nichtionische Primärprodukt dieser Polymerisation erstmalig isoliert und eindeutig identifiziert werden. Die Vorstellung, daß aminolytische Polyreaktionen mit zum Kettenaufbau bei der Polymerisation ohne Cokatalysator beitragen, wird experimentell gestützt.

Начальная реакция при анионной полимеризации капролактама. К химии алифатических аминоацил-лактамов

Описывается препаративное получение карбобензоксипроизводных и солей алифатических аминоациллактамов, их аналитическое определение при помощи распределительной хроматографии на бумаге, а также последовательные реакции двух соединений этого типа, находящихся в свободном виде. Аналитически чистые соли аминокапроилкапролактама были использованы в качестве автентичных соединений, служащих для сравнения, при аналитическом и препаративном изучении начальной реакции анионной полимеризации капролактама. Из модельных расплавов впервые изолирован при помощи молекулярной дистилляции в нормальных условиях и из тонкого слоя аминокапроилкапролактам, являющийся неионогенным первичным продуктом этой реакции, который был однозначно идентифицирован. Экспериментально подтверждено предположение об участии аминолитических полиреакций в росте цепи при полимеризации в отсутствие сокатализатора.

The Initiation Reaction in the Anionic Polymerisation of Caprolactam. On the Chemistry of Aliphatic Aminoacyl Lactams

The preparation of carbobenzoxy derivatives and salts of aliphatic aminoacyl lactams, their analysis by paper chromatography and the consecutive reactions of two free compounds of this type are described. The reagent-grade salts of aminocaproyl caprolactam were used as authentic reference substances in organic-analytical investigations of the initiation reaction in the anionic polymerisation of caprolactam. Aminocaproyl caprolactam was for the first time isolated from model melts by short path destillations as well as fractional molecular destillation and unambiguous identified as the non ionic primary product of polymerisation. The suggestion of aminolytic polyreactions contributing to the chain formation in the polymerisation without cocatalyst is supported experimentally.

1 Problemstellung

Der Chemismus der Startreaktion bei anionischer Caprolactampolymerisation ist bisher im wesentlichen durch zwei sehr verschiedenartige theoretische Anschauungen gedeutet worden. Die eine Hypothese, daß Natrium-N-(1-azacyclohepten-1-yl-2)-ε-aminocaproat bei der Startreaktion entstehe [1], wurde von *Gehrke* [2] vor einiger Zeit experimentell widerlegt. Ansatzpunkte zu der zweiten, heute weithin akzeptierten Theorie, daß N-(ε-Aminocaproyl)-caprolactam (I) als erstes nichtionisches Zwischenprodukt der Startreaktion zu erwarten sei [3], finden sich bereits in frühen wissenschaftlichen Veröffentlichungen über die Schnellpolymerisation des Caprolactams [4]. Für die Richtigkeit einer solchen Deutung des Reaktionsgeschehens zwischen Caprolactam und seinem Anion gibt es bisher nur verschiedene *indirekte* Experimentalbeweise.

Der wegen seiner praktischen Konsequenzen bedeutsamste ist die Entdeckung der Cokatalysatoren mit N-Alkyl-diacylimid-struktur [5]. Der Nachweis einer gewissen viskositätsstabilisierenden Wirkung von N-Acyl-lactamen [6, 7] stützt diese Theorie ebenso, wie unsere frühere Feststellung, daß Modelle für I als Cokatalysatoren dem Viskositätsverlauf bei der Polymerisation eine ähnliche Charakteristik aufprägen, wie Natriumcaprolactam (Na—CL) allein [8]. Schließlich weisen *Šebenda* und *Králiček* [9] in einer soeben erschienenen Veröffentlichung am Modellfall des Systems N-Äthylacetamid/N-Äthylacetamid-Na-Salz nach, daß bei diesem Umsetzungstyp Alkylamin entsteht; das außerdem zu erwartende N-Äthyl-diacetamid war infolge von Nebenreaktionen kaum zu fassen.

Wie wir bereits verschiedentlich kurz berichteten [10], war uns vor einiger Zeit die Synthese der langgesuchten Schlüsselsubstanz I und ihre analytisch exakte Charakterisierung als Salz gelungen. Diese präparativen Arbeiten sollen nachstehend, zusammen mit der Darstellung einer Reihe ähnlicher Verbindungen, ausführlich beschrieben werden. Mit Hilfe der authentischen Ammoniumsalze von I erbringen wir dann einen organisch-analytischen Beweis für das Vorhandensein und die Nachweisbarkeit von I in schmelzenden Mischungen aus Caprolactam und Na—CL. Da unsere Versuchsbedingungen den Verhältnissen bei der Startreaktion sehr nahekommen sollen, wird man das Ergebnis als repräsentativ für den Ablauf des ersten Schrittes bei der anionischen Caprolactampolymerisation ansehen können.

1) 4. Mitt. über Probleme der Polyamidchemie. III siehe: G. Reinisch, Faserforsch. u. Textiltechn. **13** (1962) S. 549 bis 556.

2) Z. T. Inhalt eines Vortrages auf dem Chemiefasersymposium in Weimar, März 1962, sowie von Kurzmitteilungen [10]. — Anmerkung bei der Korrektur: Auszugsweise vorgetragen auf der Chemiedozententagung in Berlin, September 1964.

2 *Synthese und Reaktionen aliphatischer Aminoacyl-lactame*

2.1 *Carbobenzoxy-aminoacyl-lactame*

Die Synthese einer N-geschützten Vorstufe von I gelang in recht einfacher Weise durch Umsetzung von Carbobenzoxy-aminocapronsäurechlorid mit Caprolactam in absolutem Äther bei —15 °C in Gegenwart von Triäthylamin als Aktivator und HCl-Acceptor.

Das Prinzip dieser Verknüpfungsmethode, die inzwischen schon mehrfach angewendet wurde [8, 11], entstammt einer von *W. Griehl* angeregten und unter Leitung von *M. Rothe* zu Ende geführten, unveröffentlicht gebliebenen Diplomarbeit von *G. Tomaschewski* [6]. Die dort angegebene Vorschrift zur Darstellung von N-(Carbobenzoxy-aminocaproyl)-caprolactam (Cbo-Cap-CL[3])) erwies sich allerdings als nicht brauchbar. In systematischen Versuchen stellen wir fest, daß in Tetrahydrofuran als Lösungsmittel [6] Nebenprodukte entstehen, die aus dem öligen Cbo-Cap-CL nicht abgetrennt werden können. Diese für eine Reindarstellung nichtkristallisierender Cbo-amino-acyl-lactame prinzipiellen Schwierigkeiten ließen sich durch den Übergang zu anderen Lösungsmitteln beheben, die sich unter den Reaktionsbedingungen indifferent verhielten (Äther, Methylenchlorid). Man muß natürlich auch unter diesen Bedingungen beachten, daß schon die geringsten Feuchtigkeitsspuren im Lösungsmittel, oder eine Feuchtigkeitsschädigung des Säurechlorids zur Bildung von Cbo-Aminosäureanhydrid führen. Solche Anhydride lassen sich allerdings auf Grund von Löslichkeitsunterschieden leicht von den Cbo-Aminoacyl-lactamen abtrennen.

Im Hinblick auf die Folgereaktionen der freien Aminoacyl-lactame haben wir außer dem Cbo-Cap-CL — einem farblosen, nicht destillierbaren Öl — einige weitere Substanzen dieser Verbindungsklasse dargestellt. Das oligomerhomologe N-(Cbo-Di-aminocaproyl)-caprolactam ist ebenfalls ölig; nach monatelangem Stehen erstarrte es gelegentlich wachsartig. Eine Verkürzung der Seitenkette erhöhte erwartungsgemäß den Zusammenhalt im Kristallgitter: N-(Cbo-Glycyl)-caprolactam schmilzt bei 86,5 °C. An den Schmelzpunkten der beiden entsprechenden Pyrrolidonderivate läßt sich ein stabilisierender Einfluß des wahrscheinlich ebenen Fünfringsystems auf den Kristallgitteraufbau von Cbo-Aminoacyl-lactamen erkennen: N-(Cbo-Aminocaproyl)-pyrrolidon ist bereits fest und schmilzt bei 43,5 °C, N-(Cbo-Glycyl)-pyrrolidon hat einen Schmelzpunkt von 133 °C. Einen ähnlichen Anstieg des Schmelzpunktes findet man beim Übergang von Benzoyl-caprolactam (Schmp. 70,5 bis 71 °C [8]) zu Benzoyl-pyrrolidon (Schmp. 92,5 °C [13]).

Bei der Diskussion der Synthesemethodik für Cbo-Aminoacyl-lactame hatten wir schon auf verschiedene Möglichkeiten der Bildung symmetrischer Anhydride als Nebenprodukte hingewiesen. Die nichtkristallisierenden Cbo-(Aminocaproyl)$_n$-caprolactame mußten wir chromatographisch auf diese eventuellen Begleitstoffe prüfen; dazu benötigten wir die reinen Anhydride. Sie wurden auf einfachem Wege durch Umsetzung der gemischten Isobutylkohlensäureanhydride [14] von Cbo-Cap-OH bzw. Cbo-Cap$_2$-OH mit der molaren Menge des Triäthylammoniumsalzes der entsprechenden Säure in absol. Tetrahydrofuran erhalten. Reaktionen dieses Typs wurden erst kürzlich von *Nelson, Goldblatt* und *Applewhite* [15] zur Darstellung symmetrischer Anhydride von Hydroxysäuren und früher von *Schipper* und *Nichols* [16] für Anhydride langkettiger, ungesättigter Fettsäuren beschrieben.

³) Abkürzungen: Cbo- = Carbobenzoxy-; für Reste der ε-Aminocapronsäure und des Glycins wird die verkürzte Schreibweise -Cap- [12] bzw. -Gly- angewandt; -CL bzw. -BL stehen für Caprolactam bzw. Butyrolactam mit jeweils freier Valenz am Stickstoff. Die drei von uns benutzten Chromatographiesysteme werden durch die großen Anfangsbuchstaben ihrer Laufmittelkomponenten gekennzeichnet (TE, TCW, BEW — Zuordnung im Text).

Tabelle 1. R_f-Werte im System TE zur Reinheitskontrolle der synthetisierten Cbo-Aminoacyl-lactame

Cbo-Cap-CL	0,89	Cbo-Gly-CL	0,85
Cbo-Cap-OH	0,77	Cbo-Gly-OH	0,25
(Cbo-Cap)$_2$O	0,85	Cbo-Gly-BL	0,65
Caprolactam	0,67	Cbo-Cap-BL	0,84
Cbo-Cap$_2$-CL	0,58	Pyrrolidon	0,32
Cbo-Cap$_2$-OH	0,20*)		
(Cbo-Cap$_2$)$_2$O	Start		

*) Cbo-Cap$_2$-OH [20] zeigte stets einen zweiten Fleck vom R_f 0,05 (ninhydrinnegativ); eine chromatographisch einheitliche Substanz erhielt *Schwenke* [21] nach der Phosphitmethode [22] über den Benzylester.

Für die chromatographische Reinheitsprüfung der Cbo-Aminoacyl-lactame eignete sich insbesondere das System Tetrachlorkohlenstoff (100)/Eisessig (1)-Kammer 50%ige Essigsäure (TE) [17]. Die Brauchbarkeit dieses Systems zur Trennung von Substanzen mit unterschiedlicher Amidgruppenzahl fanden wir gemeinsam mit *W. Jaeger* [18] bei der Untersuchung von Mischungen aus Acyl- und Acylaminocaproylcyclohexylamiden. Die im Verlaufe der vorliegenden Arbeit dargestellten Cbo-Aminoacyl-lactame und Cbo-Aminocapronsäureanhydride waren bis auf Cbo-Cap$_2$-CL, das noch Spuren der Ausgangssäure enthielt, chromatographisch einheitlich. Die R_f-Werte für alle bisher nicht beschriebenen Verbindungen sind zusammen mit den Werten möglicher Begleitsubstanzen in Tabelle 1 zusammengestellt. Die Entwicklung der Chromatogramme erfolgte nach der Chlormethode in der Ausführungsform von *Zahn* und *Rexroth* [19].

Die Konstitution der neuen Verbindungen ist u. E. durch den übersichtlichen Syntheseweg bereits zufriedenstellend gesichert. Chromatographische Reinheitskontrolle und Elementaranalysen sind weitere Stützen für die Identität der Substanzen. Cbo-Cap$_2$-CL wurde außerdem durch Verseifungstitration mit einem vierfachen Überschuß an KOH in einem siedenden Methanol-Wasser-Gemisch (5:1) charakterisiert (Mol.-Gew.: Ber. 473,60; Gef. 470). Im Chromatogramm der mit wäßrig-methanolischer HCl zurücktitrierten Verseifungslösung wurden Cbo-Cap$_2$-OH, Cbo-Cap$_3$-OH und Caprolactam gefunden.

2.2 Aminocaproyl-caprolactam, Di-aminocaproyl-caprolactam, ihre aminolytischen Folgereaktionen und Ammoniumsalze

Alle vorstehend genannten Cbo-Aminoacyl-lactame können in bekannter Weise mit H_2/Pd quantitativ zu Toluol, CO_2 und Aminoacyl-lactam gespalten werden. Als Lösungsmittel für die Abspaltung der Schutzgruppe sind wasserfreies Benzol bzw. Tetrahydrofuran sowie absol. Eisessig brauchbar. Die bei katalytischer Hydrierung in indifferenten Lösungsmitteln entstehenden Verbindungen mit freier aliphatischer Aminogruppe und energiereicher Acyllactam-gruppierung im gleichen Molekül neigen unter inter- bzw. intramolekularer Reaktion verständlicherweise leicht zur Bildung von energieärmeren Folgeprodukten.

Auf die Labilität von Diacylimiden aus α-Aminosäuren hat *Th. Wieland* [23] bereits vor zehn Jahren aufmerksam gemacht. *Wieland* und *Mohr* [24] sowie *Wieland* und *Urbach* [25] gelang später die Synthese einer Reihe von Di-aminoacyl-imiden durch Reduktion der entsprechenden Di-azidoacyl-imide mit Pd/H_2 bzw. mit HBr in Eisessig. Alle diese Verbindungen konnten nur als Salze isoliert werden; bei p_H 7 lagerten sie sich bereits rasch zu Dipeptiden um. Versuche zur Darstellung von Substanzen eines ähnlichen Typs (Di-aminoacyl-dioxopiperazine) wurden außerdem verschiedentlich von *Akimova* [26] unternommen. *Chrzczonowicz* und *Włodarczyk* [27] wollen eine Mischung von Oligoaminocaproyl-caprolactamen ($n = 1, 2, 3\ldots$) durch Kondensation von ε-Aminocapronsäure mit Caprolactam in wasserfreiem Lösungsmittel mittels azeotropdestillativer Wasserabspaltung erhalten haben.

Uns ist es ähnlich wie *Wieland* u. Mitarb. [25, 26] nicht gelungen, analysenreines, *freies* Aminocaproyl- oder Di-aminocaproyl-caprolactam in Substanz zu isolieren, doch sind diese Verbindungen nicht so unbeständig wie die von den genannten Autoren untersuchten linearen Di-aminoacyl-imide. Wir hatten in unseren Kurzmitteilungen zu diesem Gegenstand [10] angeführt, daß der Zerfall von I fast ebenso schnell erfolgt wie seine Freisetzung aus der Cbo-Vorstufe. Diese Aussage muß jetzt dahingehend eingeschränkt werden, daß die Zerfallsgeschwindigkeit bei den damals angewendeten Hydriertemperaturen (60 bis 70°C) so groß ist. Anders liegen die Verhältnisse, wenn man bei 20 bis 30°C hydriert. Bei Hydrierung einer 0,05-molaren Lösung von Cbo-Cap-CL in absolutem, peroxidfreiem Tetrahydrofuran (2 h bei 20°C und 2 h bei 30°C, Pd-Mohr) konnten wir beispielsweise unmittelbar nach Beendigung der CO_2-Abspaltung titrimetrisch (mit methanolischer HCl gegen Bromphenolblau) noch 20,6% freies I nachweisen. Nach 70 h Aufbewahren bei — 10°C enthielt eine solche Lösung noch 9,8% Aminocaproyl-caprolactam. Das übrige I hatte sich *ausschließlich intramolekular* zu Caprolactam umgelagert, wie papyrographische Analysen in den Laufmittelsystemen Tetrahydrofuran (186)/Cyclohexan (14)/Wasser (10) [28] (Abkürzung TCW) sowie Butanol (4)/Eisessig (1)/Wasser (1) (Abkürzung BEW) eindeutig zeigten. Hydriert man unter gleichen äußeren Bedingungen eine 0,025molare Lösung von Cbo-Cap-CL in Tetrahydrofuran, verdünnt dann auf $2{,}5 \cdot 10^{-4}$ Mol/l und läßt 10 Tage bei Raumtemperatur stehen, so verläuft die Reaktion wiederum zwischen Aminogruppe und exocyclischem Carboxylkohlenstoffatom; man erhält als einziges Reaktionsprodukt Caprolactam. Das gleiche Ergebnis stellten wir nach 75tägigem Aufbewahren der 0,025molaren Hydrierlösung bei — 10°C fest.

Einen besonders augenfälligen Beweis für den Ablauf der Eigenaminolyse von I erhielten wir beim Eindampfen benzolischer Hydrierlösungen von Cbo—Cap—CL; der Eindampfrückstand kristallisierte zu reinem Caprolactam.

Die Folgereaktionen des durch katalytische Hydrierung (Pd-Mohr) aus der Cbo-Vorstufe in wasserfreien, indifferenten Lösungsmitteln freigesetzten Di-aminocaproyl-caprolactams waren weniger übersichtlich. Wir hydrierten jeweils 0,02molare Lösungen in Benzol (2 h bei 20°C und 4 h bei 80°C) bzw. in Tetrahydrofuran (2 h bei 20°C und 2 h bei 30°C).

Aus der benzolischen Hydrierlösung fiel eine Festsubstanz aus, die nach dem Ergebnis der papierchromatographischen Untersuchungen aus einem Gemisch höherer linearer Oligo-aminocaproyl-caprolactame (R_f in BEW 0,77) und den cyclischen Di-, Tri- und Tetrameren der Aminocapronsäure (in TCW durch Vergleich mit den authentischen Substanzen identifiziert) bestand. Die gleiche qualitative Zusammensetzung hatte die Festsubstanz, die sich bei weiteren 7 h Erhitzen der von Niederschlag und Katalysator befreiten Hydrierlösung abschied. Das Filtrat des zweiten Niederschlages reagierte nicht mehr basisch und enthielt nur noch Caprolactam (Misch-Schmp. und chromatographische Identifizierung in TCW).

Die nach quantitativer CO_2-Abspaltung nur leicht getrübte Tetrahydrofuran-Hydrierlösung kochten wir 42 h bei 100°C Badtemperatur unter Rückfluß. Dabei fiel ein Gemisch aus Linearkondensationsprodukten und cyclischem Tetramerem der Aminocapronsäure aus; in der klaren Lösung verblieb Caprolactam.

Die Caprolactammengen lagen bei beiden Versuchsvarianten bei 20 bis 25% der zu erwartenden Gesamtausbeute an freiem Aminoacyl-lactam. Die Aminolyse tritt also zu einem wesentlichen Anteil unter Lactamabspaltung ein, wie dies für einen ähnlichen Fall bereits von *Gehrke* [11] sowie kürzlich für die Umsetzung zwischen Acyl-lactamen und Benzylamin quantitativ von *Šebenda* und *Stehlíček* [29] beschrieben wurde. Anders als bei I erfolgen nun beim nächsthöheren Oligomeren intra- und intermolekulare Umsetzungen, Ringbildung *und* Oligokondensation unter Kettenverlängerung, nebeneinander. Dabei ist das für uns wichtigste Ergebnis zunächst der Nachweis der ninhydrinpositiven Linearkondensationsprodukte. Damit haben wir jetzt direkt bewiesen, daß die früher verschiedentlich diskutierte Polyreaktion von Aminoacyl-lactamen des Aminocapronsäuretyps [30, 8] vom Dimeren an aufwärts tatsächlich stattfindet.

Eine ausführliche Untersuchung über die Zusammenhänge zwischen den einzelnen Parametern der Reaktionsbedingungen einerseits und Art und Menge der Folgeprodukte andererseits geht weit über den speziellen Rahmen dieser Arbeit hinaus. Diese Probleme, sowie Reaktionen einiger Ring- und Ketten-*homologen* von I, über die wir für die Folgeprodukte zweier Cbo-Glycyl-lactame bereits kurz berichteten [10], werden gegenwärtig weiter bearbeitet.

Als interessante Ergänzung sei vermerkt, daß sich in jüngster Zeit einige Arbeitskreise im Zusammenhang mit Fragen der Biosynthese von Depsipeptiden (*Shemyakin* u. Mitarb. [31]) sowie offenbar aus pharmakologischen Gründen (*Griot* und *Frey* [32], *Stich* und *Leemann* [33]) ausführlich mit den strukturell sehr ähnlichen Hydroxyacyl-lactamen, ihren Folgereaktionen und Tautomerieverhältnissen beschäftigten. Ähnlich wie bei den Aminoacyl-lactamen, wenn auch aus anderen inneren Gründen, sind in den meisten untersuchten Fällen die Cyclol- oder Depsipeptidstrukturen beständiger als ihre offenen Vorstufen mit freier Hydroxylgruppe.

Wenn auch die Reindarstellung von freiem I und von H-Cap$_2$-CL wegen der Folgereaktionen dieser Verbindungen nicht gelang, so konnten wir doch beide als Salze chemisch exakt charakterisieren. Dazu wurden die Cbo-Verbindungen in absol. Eisessig mit Pd-Mohr als Katalysator hydriert und die Hydrierlösung danach zu einer NaCl-haltigen 1%igen wäßrigen Lösung von Natrium-tetraphenyloborat ergeben. Die Brauchbarkeit des bororganischen Reagens, als Universalfällungsmittel für Ammoniumionen wurde von *Crane* [34] beschrieben. Wir erhielten so die Tetraphenyloborate der Ammoniumkationen von I, von H-Cap$_2$-CL und von H-Cap-BL. Interessanterweise gelang uns auch die Darstellung des u. W. ersten Di-Aminoacyl-anhydrid-derivates in Substanz: ε-Ammoniumcapronsäureanhydrid-di-tetraphenyloborat schmilzt bei 97,5 bis 98,5°C und ist in BEW chromatographisch einheitlich (R_f 0,55).

Wir hatten früher versucht, die Abspaltung der Schutzgruppe aus Cbo-Cap-CL nach *Ben-Ishai* [35] mit HBr/Eisessig zu erreichen; dabei erhielten wir aber stets nur Schmieren [10]. Eine sehr einfache Verfahrensweise zur Darstellung analysenreiner Hydrochloride von I und von H-Cap-BL fanden wir nun darin, daß die Eisessiglösungen der beiden Aminoacyl-lactame nach beendeter Hydrierung mit überschüssiger, ca. 10%iger HCl in abs. Essigsäure versetzt, und diese Mischungen tropfenweise in abs. Äther eingetragen wurden. Das Prinzip dieser Arbeitsweise ist erstmalig systematisch von *Liwschitz* u. Mitarb. [36] zur Gewinnung hochreiner Hydrochloride von α-Aminosäuren erprobt werden. Im vorliegenden Fall ist diesem Zweistufenverfahren zur Herstellung reiner Salze aus Cbo-Verbindungen gegenüber der HBr/Eisessig-Methode eindeutig der Vorzug zu geben.

Die für analytische Untersuchungen anionischer Lactampolymerisationen wichtigen R_f-Werte der Hydrochloride und Tetraphenyloborate von Aminoacyllactamen sind in Tabelle 2 aufgeführt.

Tabelle 2. R_f-Werte von Ammoniumsalzen aliphatischer Aminoacyl-lactame im Laufmittel BEW

Substanz	R_f-Werte für	
	Hydrochlorid	Tetraphenyloborat
H-Cap-CL	0,65	0,69
H-Cap$_2$-CL	0,73*)	0,76
H-Cap-BL	0,50	0,56

*) Acetat, gelöst in Eisessig

Die Salze von I enthalten nach den Chromatogrammen noch Spuren einer unbekannten ninhydrinpositiven Substanz vom R_f-Wert 0,25 bzw. 0,29 in BEW. Diese noch nicht identifizierte Verbindung hat weder Aldehydcharakter (vgl. aber [24]), noch ist sie durch Reduktion der Acyllactam-gruppierung entstanden. Die in I-Hydrochloriden außerdem noch spurenweise auftretenden Säuren H-Cap-OH und H-Cap$_2$-OH sind wahrscheinlich Artefakte, die bei der Hydrierung durch hydrolytische Zersetzung von Spuren I entstanden sind. Sie fehlten im Tetraphenyloborat, da beide Aminosäuren unter den Fällbedingungen für Amine [34] keine Niederschläge bilden. Erst H-Cap$_3$-OH gibt mit Na[B(C$_6$H$_5$)$_4$] eine Fällung; die Substanz verölt aber leicht beim Absaugen (R_f in BEW 0,63).

2.3 *Nachweis von I unter den Bedingungen der Startreaktion*

Es bedurfte einer Vielzahl von Versuchen, bis wir die Arbeitsmethode entwickelt hatten, mit deren Hilfe I in Schmelzmischungen aus Caprolactam und seinem Natriumsalz überhaupt und schließlich eindeutig nachgewiesen werden konnte. Diese Schwierigkeiten waren für das Zwischenprodukt einer so rasch verlaufenden Polyaddition vorauszusehen, zumal wir aus eigenen Versuchen erkennen mußten, daß I nicht nur mit Lactamanionen unter Kettenaufbau umacyliert (zu Einzelheiten des Mechanismus dieser ionischen Umacylierung vgl. [8, 29]), sondern auch bei höheren Temperaturen aminolytisch zerfällt. Hinzu kommen als weitere Möglichkeiten einer irreversiblen Zerstörung von I Nebenreaktionen zwischen Acyllactamgruppen und dem Lactamsalz, wie sie *Šebenda* und *Králiček* [9] am Modellfall eines N-Äthylacetamidsystems kinetisch und präparativ nachweisen konnten.

Trotz dieser für seine Erfaßbarkeit sehr nachteiligen Begleitumstände war I bei folgender (im experimentellen Teil ausführlich zu schildernder) Verfahrensweise reproduzierbar chromatographisch nachzuweisen:

Ein Mischung aus je 0,1 Mol Caprolactam und seinem Natriumsalz wurde im Schiffchen der in Bild 1 skizzierten Kurzwegdestillations-Apparatur unter Stickstoff bei von 150 bis 250°C ansteigenden Temperaturen

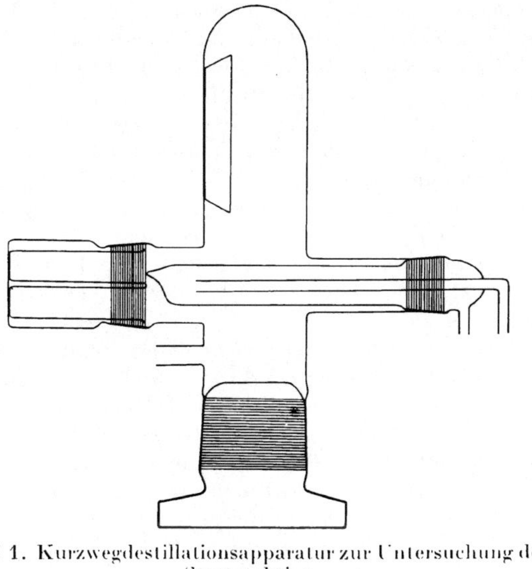

Bild 1. Kurzwegdestillationsapparatur zur Untersuchung der Startreaktion

und bei stetig abnehmendem Druck (760 bis 0,5 mm Hg) erhitzt und die Destillate nach vorübergehender Kondensation am Kühlfinger (70 °C) fraktionsweise gesammelt. Hauptbestandteil aller Fraktionen war Caprolactam. Die bei über 200 °C abdestillierten Anteile reagierten in wäßriger Lösung stark alkalisch (p_H 9 bis 10), sie enthielten aber kein Natrium (Flammprobe). Die Natur der diese Alkalinität verursachenden organischen Base (R_f in BEW bei Chlorentwicklung 0,39, negativer Hydroxamattest auf Diacylimide), die sich während der Umsetzung bildet und zweifellos ein Nebenprodukt der Umacylierungsreaktion ist, bleibt noch aufzuklären.

Der stark alkalisch reagierende Festkörper im Schiffchen zeigte eine deutlich positive Hydroxamsäure-Fe^{3+}-Reaktion. Er wurde mit Benzol geschüttelt, die filtrierte benzolische Lösung mit HCl-Eisessig versetzt und im System BEW chromatographiert. Neben ninhydrinpositiven Flecken bei den R_f-Werten 0,25 und 0,28 wurde I bei stärkerem Auftragen der benzolischen Lösung durch R_f-Wert und Vergleich mit dem authentischen I-Hydrochlorid eindeutig nachgewiesen.

Schließlich gelang es uns, das erste nichtionische Zwischenprodukt der anionischen Caprolactampolymerisation bei 120 °C und $5 \cdot 10^{-4}$ mm Hg aus einer Mischung von 0,5 Mol Caprolactam und 0,05 Mol Natriumcaprolactam destillativ — zusammen mit einem großen Überschuß Caprolactam — abzutrennen. Wir benutzten dazu die in Bild 2 im Schnitt wiedergegebene Glasapparatur für fraktionierte Molekulardestillation, deren spezielle konstruktive Gestaltung ich meinem Mitarbeiter, Herrn Chemotechniker *J. Moskalenko*, verdanke, und für deren sorgfältige Anfertigung wir unserem Glasbläsermeister, Herrn *Seeber* an dieser Stelle bestens danken möchten.

Die unter Stickstoff aufzuschmelzende Mischung wird im Schmelzgefäß bei 100 °C verflüssigt, 30 min bei 0,1 mm Hg vorentgast und anschließend mit einer Tropfgeschwindigkeit von 1 Tropfen/s in die Fraktionierapparatur eingegeben. Die Heizkerze der ersten Stufe war auf 100 °C, die für die zweite und dritte Stufe auf 120 °C einreguliert; im Mantel zirkulierte Wasser von 75 °C. In der zweiten und dritten Fraktion konnten wir mit der Hydroxamsäurereaktion energiereiche Verbindungen nachweisen und nach Zusatz von HCl/Eisessig auch chromatographisch als I identifizieren. Mit $Na[B(C_6H_5)_4]$ wurde aus der Lösung der beiden Fraktionen unter den üblichen Bedingungen eine geringe Menge Niederschlag gefällt, der zwischen 103 und 115 °C schmolz und chromatographisch durch Vergleich mit der authentischen Substanz eindeutig als Ammoniumcaproyl-caprolactam-tetraphenyloborat gekennzeichnet werden konnte. Versuche, das noch nicht schmelzpunktreine Tetraphenyloborat durch Zonenschmelzen zu reinigen, scheiterten an der Zersetzlichkeit der Substanz.

Fassen wir unsere früheren Befunde von der Aufklärung der Startreaktion der durch Caprolactam-hydrochlorid ausgelösten kationischen Caprolactampolymerisation [37] und das Ergebnis der vorliegenden Untersuchungen über das erste Zwischenprodukt bei anionischer Caprolactampolymerisation zusammen, so können wir feststellen, daß bei Acylierung des Caprolactams durch die energiereiche Gleichgewichtsform seines Kations (Amidium-ion) ein Folgeprodukt gleicher Kon-

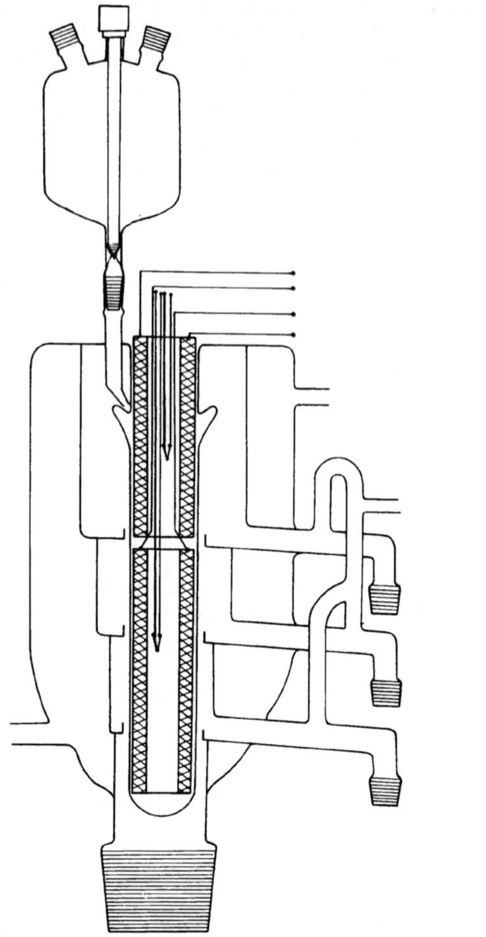

Bild 2. Apparatur zur fraktionierten Molekulardestillation

stitution gebildet wird wie bei der Umacylierung von Caprolactam mit seinem Anion. Dieses Aminoacyllactam ist selbst eine energiereiche Verbindung, aber es ist offenbar unter den spezifischen Bedingungen beider Polymerisationen wiederum das stabilste und damit das erste faßbare Produkt der die Polymerisation auslösenden Hauptreaktion zwischen Caprolactam und seinen beiden Salztypen.

2.4 *Vergleichende Polymerisationsversuche*

Allein durch Natriumcaprolactam ausgelöste anionische Caprolactampolymerisationen zeigen bekanntlich in der ersten Reaktionsphase ein steiles Maximum des Durchschnittsmolekulargewichts. In unserer vorangegangenen Mitteilung fanden wir, das aromatische Aminoacyllactame als Cokatalysatoren (Startzentren) zu einer ähnlichen Viskosität-Zeit-Charakteristik führen. Wir folgerten daraus, daß dieses Maximum ursächlich mit dem Vorhandensein freier Aminogruppen im System zusammenhängt. Es war allerdings nicht auszuschließen, daß die sehr schwach basischen Aminogruppen der beiden Aminobenzoyl-caprolactame als Aminanionen am Kettenaufbau mitbeteiligt sein könnten.

Um unsere Aussage über das mögliche Nebeneinander von anionischen und aminolytischen Polyadditionsreaktionen beim Kettenwachstum der Schnellpolymeri-

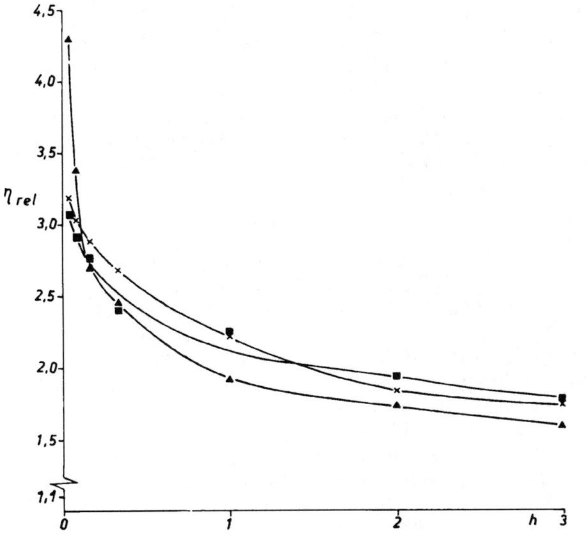

Bild 3. Viskositäts-Zeit-Charakteristik anionischer Caprolactampolymerisationen bei 230 °C (Auslösetemperatur). Initiatoren (Mol/Mol Caprolactam):
▲ 0,01 Na—CL
■ 0,01 Na—Cl + 0,01 m-Aminobenzoyl-CL
× 0,02 Na—CL + 0,01 $H[B(C_6H_5)_4]$. H-Cap-CL

sation ohne Cokatalysator weiter zu präzisieren, untersuchten wir jetzt neben den Polymerisationen mit den Initiatoren bzw. Initiatormischungen Na—CL bzw. Na—CL + m-Aminobenzoyl-caprolactam noch die Polymerisation mit Ammoniumcaproyl-caprolactam-tetraphenyloborat als Cokatalysator, wobei wir etwas vereinfachend annehmen, daß das Aminoacyl-lactam-salz in einer Ionenreaktion noch die molare Menge an Na—CL zur Neutralisation des Tetraphenylborwasserstoffs verbraucht. Die Ergebnisse in Bild 3 lassen erkennen, daß sich auch bei Einsatz des besten Modells — eines Aminocaproyl-caprolactam-salzes — unsere frühere Aussage voll aufrechterhalten läßt. Die zu Beginn der Polymerisationen ohne Cokatalysator auftretenden hohen Polymerisationsgrade sind also durch die geringe Zahl der Startzentren [38, 39] *und* durch ihre Konstitution bedingt.

3 Beschreibung der Versuche

3.1 Allgemeine Methodik

Alle Schmelzpunkte wurden auf einem Mikroheiztisch nach *Boetius* bestimmt und sind korrigiert.

Die papierchromatographischen Untersuchungen wurden bei 20 bis 22 °C nach der absteigenden Methode auf Papieren der Sorte Schleicher & Schüll 2043 b mgl durchgeführt. Die Entwicklung mit Ninhydrin [40], nach der Chlormethode [19] sowie mit $NH_2OH/FeCl_3$ [40, 10] erfolgte entsprechend den Angaben der genannten Literaturstellen.

3.2 Präparative Arbeiten

Cbo-ε-Aminocapronsäurechlorid (vgl. [41, 6]). 13,3 g (0,05 Mol) scharf getrocknete Cbo-ε-Aminocapronsäure werden in 50 ml absol. Äther suspendiert. Man rührt die Suspension 10 min unter Luftzutritt, kühlt auf 5 °C, gibt rasch 11,5 g (0,055 Mol) PCl_5 hinzu und rührt die sich klärende Reaktionsmischung unter Feuchtigkeitsausschluß 1 h bei — 5 °C. Die klare, blaßgelbgrüne Lösung wird im Vakuum bei — 10 °C vom Äther befreit. Den öligen Rückstand schüttelt man fünfmal mit je 40 ml eiskaltem Petroläther (Siedebereich 30 bis 60 °C) rasch aus und verdampft danach Reste anhaftender Lösungsmittel unter den vorgenannten Bedingungen. Ausbeute 13,0 g (87% d. Th.) hellgelbgrünes Öl. Die Verbindung wird am besten sofort weiterverarbeitet; bei — 10 °C ist das Säurechlorid über Nacht haltbar.

$C_{14}H_{18}ClNO_3$ (283,76) Ber. N 4,93 Cl 12,49
Gef. N 4,79 Cl 12,60 P 0,001.

N-(Cbo-ε-Aminocaproyl)-caprolactam. Nach der früher von uns am Beispiel der Darstellung von N-Propionylcaprolactam beschriebenen Verfahrensweise [8] werden 4,79 g (0,0423 Mol) reines, getrocknetes Caprolactam mit 12,0 g (0,0423 Mol) frisch dargestelltem Cbo-Aminocapronsäurechlorid in 150 ml absol. Äther bei — 15 °C in Gegenwart von 5,92 ml (0,0423 Mol) absol. Triäthylamin umgesetzt. Man rührt danach 1 h bei — 15 °C und läßt innerhalb von 3 h langsam auf 0 °C kommen. Nach Absaugen des Ammoniumsalzes schüttelt man die farblose Lösung fünfmal mit je 50 ml 5%iger Sodalösung und zweimal mit je 50 ml Wasser aus, trocknet unmittelbar darauf mit Na_2SO_4, dann mit CaH_2, engt die ätherische Lösung im Vakuum auf ca. 50 ml ein und läßt sie 12 h bei — 10 °C stehen. Nach Abtrennung von evtl. gebildetem Cbo-Aminocapronsäureanhydrid, das sich unter diesen Bedingungen in Form feiner Kristalldrusen vollständig abscheidet, wird der Äther im Vakuum abgedampft. Zur vollständigen Entfernung des Äthers wird das zurückbleibende viskose, hellgelbe Öl mehrere Tage lang unter Lichtausschluß im Vakuum über konz. H_2SO_4 gehalten. Ausbeute 11,9 g (78% d. Th.) papierchromatographisch einheitliche Substanz, R_f in TCW 0,88, in BEW 0,92; n_D^{20} 1,5350.

$C_{20}H_{28}N_2O_4$ (360,44) Ber. C 66,64 H 7,83 N 7,77
Gef. C 66,63 H 7,94 N 7,70.

N-(ε-Aminocaproyl)-caprolactam-hydrochlorid. 1,8 g (0,005 Mol) Cbo-Aminocaproyl-caprolactam werden in 30 ml absolutem Eisessig gelöst und in Gegenwart von Pd-Mohr 2 h bei 18 bis 19 °C und 1 h bei 30 °C unter starkem Rühren mit strömendem Wasserstoff (3 l/h) hydriert. Die mit Barytwasser bestimmte CO_2-Menge zeigte quantitativen Umsatz an. Die Hydrierlösung wird nach Abtrennen des Katalysators mit 10 ml einer 9,1%igen Lösung von wasserfreier HCl in absolutem Eisessig versetzt, und diese Mischung unter Rühren in 250 ml absol. Äther von — 5 °C eingetropft. Das farblose, bis auf etwas an der Wand haftende Substanz kristalline Aminsalz wird unter Feuchtigkeitsausschluß abgesaugt, mit 30 ml Äther gewaschen und bei 60 °C im Vakuum über NaOH und P_4O_{10} getrocknet. Ausbeute 0,92 g (70% d. Th.) farblose Kristalle, Schmp. 105 bis 108,5 °C.

Nach dem Chromatogramm in BEW enthält die Verbindung (R_f 0,65) noch Spuren Aminocapronsäure-hydrochlorid (R_f 0,48) und geringe Mengen einer nicht identifizierten ninhydrinpositiven Substanz (R_f 0,25).

$C_{12}H_{23}ClN_2O_2$ (262,79) Ber. N 10,66 Cl 13,49
Gef. N 10,60 Cl 13,38.

N-(ε-Ammoniumcaproyl)-caprolactam-tetraphenyloborat. 1,8 g (0,005 Mol) Cbo-Aminocaproyl-caprolactam werden wie vorstehend beschrieben hydriert. Die Hydrierlösung wird filtriert und nach Verdünnen mit 600 ml Wasser sofort mit einer Lösung von 2 g (0,00585 Mol) Natrium-tetraphenyloborat in 200 ml Wasser versetzt. Nach Zugabe von wenig NaCl flockte der weiße, voluminöse Niederschlag des Ammoniumsalzes aus. Es wurde nach 4 h Stehen im Eisschrank abgesaugt, mit viel Wasser gewaschen und bei 60 °C im Vakuum über P_4O_{10} getrocknet. Ausbeute 2,30 g (84% d. Th.) farblose Kristalle, Schmp. 121,5 bis 122 °C. Die Verbindung (R_f in BEW 0,69) enthält wie das Hydrochlorid Spuren einer unbekannten, ninhydrinpositiven Substanz (R_f 0,29).

$C_{36}H_{43}BN_2O_2$ (546,54) Ber. N 5,13 B 1,98
Gef. N 5,16 B 2,00.

Die analytische Bestimmung des Bors erfolgte nach der von *Wittig* u. Mitarb. [42] angegebenen Methode[5]).

Cbo-ε-Aminocapronsäureanhydrid. 3,6 g (0,013 Mol) Cbo-Aminocapronsäurechlorid und 3,46 g (0,013 Mol) Cbo-Aminocapronsäure werden in 100 ml absol. Methylenchlorid bei − 15 °C durch allmähliche Zugabe von 1,8 ml (0,013 Mol) Triäthylamin in der oben beschriebenen Weise kondensiert. Die Reaktionsmischung wird mit Wasser sowie 5%iger Sodalösung ausgeschüttelt und der nach Abdampfen des getrockneten Lösungsmittels verbleibende Rückstand aus 800 ml Äther umkristallisiert. Ausbeute 4,4 g (68% d. Th.) farblose Blättchen, Schmp. 77,5 °C. R_f-Werte in TCW 0,95, in BEW 0,88, in TE 0,85.

$C_{28}H_{36}N_2O_7$ (512,58) Ber. C 65,60 H 7,08 N 5,46
Gef. C 65,50 H 7,24 N 5,33.

ε-Ammoniumcapronsäureanhydrid-Di-tetraphenyloborat. 1,28 g (0,0025 Mol) Cbo-Aminocapronsäureanhydrid werden in 25 ml Eisessig in der oben beschriebenen Weise 2 h bei 19,5 bis 21 °C und 1 h bei 30 °C quantitativ hydriert. Die vom Katalysator befreite Hydrierlösung wird mit 500 ml eiskaltem Wasser verdünnt und gleich darauf mit einer eiskalten Lösung von 1,85 g (0,0054 Mol) Na-tetraphenyloborat in 200 ml Wasser sowie mit etwas NaCl versetzt. Man läßt den voluminösen Niederschlag 1 h bei ca. 0° absitzen, filtriert, wäscht mit viel Wasser nach und trocknet bei 40 °C im Vakuum über NaOH und P_4O_{10}. Ausbeute 0,87 g (39% d. Th.) farblose mikrokristalline Substanz, Schmp. 97,5 bis 98,5 °C. Chromatographisch einheitlich, R_f in BEW 0,55.

$C_{60}H_{66}B_2N_2O_3$ (884,85) Ber. N 3,17 B 2,45
Gef. N 3,17 B 2,77.

N-(Cbo-ε-Aminocaproyl)-pyrrolidon. 13,0 g (0,046 Mol) Cbo-Aminocapronsäurechlorid, 3,92 g (0,046 Mol) reines, getrocknetes Pyrrolidon und 6,35 ml (0,046 Mol) Triäthylamin werden in 150 ml absol. Methylenchlorid bei − 15 °C in der oben beschriebenen Weise kondensiert und aufgearbeitet. Die mit CaH_2 getrocknete Lösung des gereinigten Reaktionsproduktes wird nach Abtrennen des Bodensatzes im Vakuum eingedampft. Der blaßgelbe, ölige Rückstand kristallisierte nach 14tägigem Stehen über Paraffinschnitzeln vollständig durch. Man löst dieses Rohprodukt (11,9 g) in 120 ml Äther unter Erwärmen und läßt bei − 10 °C auskristallisieren. Ausbeute 8,4 g (55% d. Th.) farblose Nadelbüschel, Schmp. 42,5 °C. Aus der Mutterlauge erhält man einen wiederum öligen Rückstand, der nach mehrwöchigem Stehen in ein kristallines Produkt übergeht. Bereits das Rohprodukt der Synthese ist chromatographisch einheitlich: R_f in BEW 0,90, in TCW 0,93.

$C_{18}H_{24}N_2O_4$ (332,39) Ber. C 65,05 H 7,28 N 8,43
Gef. C 64,94 H 7,36 N 8,42.

N-(ε-Aminocaproyl)-pyrrolidon-hydrochlorid. 1,66 g (0,005 Mol) Cbo-Aminocaproyl-pyrrolidon werden in 30 ml Eisessig in der oben beschriebenen Weise 2 h bei 29 bis 31 °C quantitativ hydriert. Nach Absaugen des Katalysators verfährt man weiter wie unter Aminocaproylcaprolactam angegeben. Ausbeute 1,04 g (91% d. Th.) farblose Kristalle, Schmp. 137,5 bis 139 °C. Die Substanz ist chromatographisch einheitlich, R_f in BEW 0,51.

$C_{10}H_{19}ClN_2O_2$ (234,73) Ber. N 11,93 Cl 15,11
Gef. N 11,78 Cl 14,94.

N-(ε-Ammoniumcaproyl)-pyrrolidon-tetraphenyloborat. 1 g (0,0043 Mol) vorstehenden Hydrochlorids werden in 500 ml 0,01 n HCl gelöst und mit einer Lösung von 1,46 g (0,0043 Mol) Na-tetraphenyloborat in 200 ml Wasser versetzt. Der weiße, voluminöse Niederschlag wird nach 1 h Stehen im Eisschrank abgesaugt, mit viel Wasser gewaschen und bei 60° im Vakuum über NaOH und P_4O_{10} getrocknet. Ausbeute 1,90 g (86% d. Th.) farblose, gefiederte Nadeln, Schmp. 150,5 bis 152,5 °C. Die Substanz ist chromatographisch einheitlich (R_f in BEW 0,56).

$C_{34}H_{39}BN_2O_2$ (518,52) Ber. N 5,41 B 2,09
Gef. N 5,62 B 2,34.

Cbo-Di-ε-Aminocapronsäurechlorid-hydrochlorid. 5,7 g (0,015 Mol) getrocknete Cbo-Diaminocapronsäure [20] und 3,75 g (0,018 Mol) PCl_5 werden bei − 3 °C in 75 ml absol. Methylenchlorid 1 h gerührt. Man gießt die klare Reaktionsmischung in 120 ml eiskalten absol. Petroläther ein, schüttelt kräftig durch und läßt 5 min im Eisbad absitzen. Nach Dekantieren der Lösungsmittel wird wiederum in 60 ml eiskaltem Methylenchlorid gelöst, 100 ml Petroläther zugegeben und diese Prozedur zum Abtrennen des $POCl_3$ noch viermal wiederholt. Nach Abdampfen der Lösungsmittel im Vakuum bei − 10 °C erhält man ein gelbes, zähes Öl. Ausbeute 6,02 g (92% d. Th.).

$C_{20}H_{30}Cl_2N_2O_4$ (433,37) Ber. N 6,47 Cl 16,36
Gef. N 6,30 Cl 16,18 P 0,0.

N-(Cbo-Di-ε-aminocaproyl)-caprolactam. 5,86 g (0,0135 Mol) frischbereitetes Cbo-Diaminocapronsäurechlorid und 15,85 g (0,14 Mol) Caprolactam werden in 100 ml absol. Methylenchlorid gelöst, die Lösung wird auf − 15 °C abgekühlt, und bei dieser Temperatur unter starkem Rühren innerhalb von 20 min eine Mischung aus 3,97 ml (0,028 Mol) Triäthylamin und 10 ml Methylenchlorid eingetropft. Man beläßt 1 h bei − 15 °C und läßt unter Rühren innerhalb weiterer 3 h auf 0° kommen. Danach bringt man die Reaktionsmischung über Nacht in einen Eisschrank (− 10 °C), wobei als Nebenprodukt entstandenes Cbo-Diaminocapronsäureanhydrid (vgl. weiter unten) zusammen mit einem Teil des Ammoniumsalzes ausfällt. Man saugt den Niederschlag ab, schüttelt die Lösung mit Wasser sowie mit Sodalösung von 35 °C aus und trocknet mit Na_2SO_4 sowie CaH_2. Der ölige Rückstand nach Abdampfen des Methylenchlorids wird in 50 ml absol. Toluol in der Wärme aufgenommen, und diese Lösung 24 h bei − 10 °C aufbewahrt. Es schieden sich 0,7 g einer Festsubstanz aus, die nach dem Chromatogramm aus einem Gemisch von Cbo-Diaminocapronsäure und Reaktionsprodukt besteht. Die Toluollösung wird im Vakuum eingedampft und über Paraffinschnitzeln im Vakuum und unter Lichtausschluß von Lösungsmittelresten befreit. Ausbeute 3,97 g (62% d. Th.) gelbliches Öl, das nach einigen Wochen wachsartig erstarrt. Die analysenreine Substanz enthält nach dem Chromatogramm in TE (R_f 0,58) Spuren von Cbo-Diaminocapronsäure (R_f in TE 0,20). Weitere R_f-Werte: 0,94 in BEW, 0,96 in TCW.

Zur Mol.-Gew.-Bestimmung wurden $5 \cdot 10^{-4}$ Mol der Substanz mit einem vierfachen molaren Überschuß an 0,1 n wäßrig-alkoholischer (1:4) KOH 2 h am Rückfluß gekocht und das unumgesetzte Alkali mit methanolischer HCl gegen Phenolphthalein zurücktitriert und daraus das Mol.-Gew. zu 470 ermittelt. Im Chromatogramm der wäßrig-alkoholischen Verseifungslösung wurden im Laufmittel TE lin. Cbo-Di- und -Tri-ε-aminocapronsäure sowie Caprolactam gefunden.

$C_{26}H_{39}N_3O_5$ (473,60) Ber. N 8,87
Gef. N 8,87.

ε-Ammoniumcaproyl-ε-aminocaproyl-caprolactam-tetraphenyloborat. 1,19 g (0,0025 Mol) vorstehender Cbo-Verbindung werden in 25 ml Eisessig in der oben beschriebenen Weise 2 h bei 20,5 bis 21,5 °C und 1 h bei 30 °C quantitativ hydriert. R_f-Wert des Reaktionsproduktes (Acetat) in BEW 0,73.

[5]) Für die Durchführung dieser Analysen sowie der gesamten elementaranalytischen Bestimmungen danken wir Frau Dr. *U. Bartels* sowie ihren Mitarbeitern aus der Analytischen Abteilung des Institutes (Leiter Dr. habil. *B. Philipp*).

Nach Abfiltrieren des Katalysators wird die Lösung mit 5 ml 9,1%iger HCl in Eisessig versetzt und die Mischung unter Rühren in 250 ml Äther bei -5°C eingetropft. Die Suspension des kristallinen Niederschlages wird von an den Wandungen haftenden öligen Anteilen abdekantiert, unter Feuchtigkeitsausschluß filtriert, mehrmals mit Äther gewaschen und in 250 ml eiskalter 0,01 n HCl gelöst. Diese Lösung versetzt man rasch mit 100 ml einer eisgekühlten 1%igen wäßrigen Na-tetraphenyloboratlösung, wäscht den entstehenden Niederschlag nach einigem Stehen mit viel Wasser und trocknet das feinkristalline Produkt über NaOH und P_4O_{10}. Ausbeute 1,22 g (74% d. Th.) farblose Kristalle, Schmp. 43 bis 44,5°C. Die Substanz ist chromatographisch einheitlich, R_f in BEW 0,76.

$C_{42}H_{54}BN_3O_3$ (659,73) Ber. N 6,37 B 1,64
Gef. N 6,06 B 1,85.

Hydrierungen von Cbo-(ε-Aminocaproyl)-caprolactam und von Cbo-(Di-ε-aminocaproyl)-caprolactam in indifferenten Lösungsmitteln. Die Hydrierungen erfolgten in methodisch gleicher Weise wie die Hydrierung von Cbo-Cap-CL in Eisessig. Die titrimetrische Bestimmung von H-Cap-CL (vgl. S. 474) wurde mit 0,1 n methanol. HCl durchgeführt. Als Indikator benutzten wir 3 Tropfen einer 0,1%igen Lösung von Bromphenolblau in 96%igem Alkohol. Die chromatographische Auswertung der Hydrierversuche ist auf S. 474 beschrieben.

Cbo-Di-ε-aminocapronsäureanhydrid. 1,9 g (0,005 Mol) Cbo-Di-aminocapronsäure und 0,77 ml (0,005 Mol) Triäthylamin werden in 100 ml absol. Tetrahydrofuran (THF) gelöst. Zu der auf -15°C gekühlten Mischung gibt man tropfenweise ein Gemisch aus 0,68 g (0,005 Mol) Chlorameisensäureisobutylester und 5 ml THF, und läßt innerhalb von 30 min auf -5°C kommen. Man rührt 15 min bei dieser Temperatur und fügt dann im Verlaufe von 1 h eine Lösung von 1,9 g Cbo-Di-aminocapronsäure, 0,77 ml Triäthylamin und 100 ml THF hinzu. Es wird noch 3 h ohne weitere Außenkühlung gerührt. Nachdem man das Gemisch über Nacht bei -10°C aufbewahrt hat, saugt man ab, wäscht mit viel Wasser und kristallisiert dreimal aus je 50 ml THF um. Ausbeute 1,33 g (36% d. Th.) farblose Kristalle, Schmp. 133,5 bis 135,5°C. Die Substanz enthält nach dem Chromatogramm in TE (nur Startfleck) kein Ausgangsmaterial mehr.

$C_{40}H_{58}N_4O_9$ (738,90) Ber. N 7,58
Gef. N 7,48.

Cbo-Glycylchlorid [43]. Die Darstellung des in schönen Blättchen aus Äther/Petroläther kristallisierenden Säurechlorids (Schmp. 43°C) wurde anfangs sehr häufig durch eine hartnäckige Kristallisationsverzögerung gestört. Diese Schwierigkeit entfällt, wenn man die Lösung auf Trockeneis kühlt. Kürzlich wurde uns das Referat einer Arbeit von *Šibnev*, *Kosarenko* und *Porošin* [44] bekannt, die gleichermaßen verfahren.

N-(Cbo-glycyl)-pyrrolidon. 5,3 g (0,023 Mol) Cbo-glycylchlorid, 3,97 g (0,047 Mol) reines, getrocknetes Pyrrolidon und 1,89 ml (0,023 Mol) wasserfreies Pyridin werden in der bei der Darstellung von Cbo-Aminocaproyl-caprolactam angegebenen Weise kondensiert. Zur Aufarbeitung wird mit 100 ml Wasser gut verrührt, danach mit 5%iger Sodalösung und mit Wasser ausgeschüttelt und der feste Rückstand nach Abdampfen des Äthers aus der zehnfachen Menge alkoholfreiem Essigester umkristallisiert. Zur vollständigen Abscheidung der Kristalle läßt man 2 Tage bei -10°C stehen. Ausbeute 3,2 g (50% d. Th.) farblose Blättchen, Schmp. 132,5 bis 133,5°C. Chromatographisch einheitlich, R_f in TCW 0,93, in TE 0,65.

$C_{14}H_{16}N_2O_4$ (276,28) Ber. C 60,86 H 5,84 N 10,14
Gef. C 60,93 H 5,94 N 10,14.

N-(Cbo-glycyl)-caprolactam. 6,4 g (0,028 Mol) Cbo-glycylchlorid, 6,35 g (0,056 Mol) Caprolactam und 2,27 ml (0,028 Mol) Pyridin werden in der vorstehend angegebenen Weise kondensiert, aufgearbeitet, und aus der dreifachen Menge Essigester umkristallisiert. Ausbeute 3,8 g (44% d. Th.) farblose Kristalle, Schmp. 86,5°C. Chromatographisch einheitlich, R_f in TCW 0,94, in TE 0,85.

$C_{16}H_{20}N_2O_4$ (304,35) Ber. C 63,14 H 6,63 N 9,21
Gef. C 63,04 H 6,72 N 9,16.

3.3 Analytik der Startreaktion

Die in Bild 1 skizzierte Sublimationsapparatur wird nach Füllung des Schiffchens mit 1,13 g (0,1 Mol) gereinigtem Caprolactam (vgl. [37]) und 1,35 g (0,1 Mol) Natriumcaprolactam (vgl. [8]) mit Reinststickstoff gespült und in einen über Kontaktthermometer und Gasrelais zu regelnden, beheizten Aluminium-Block eingesetzt. Bei der in den angegebenen Zeiten erfolgten Veränderung von Temperatur und Vakuum wurden folgende Fraktionen erhalten:

1. Fraktion: 15 min; 150···200°C; 760···12 Torr; p_H 7; Na^+ n, HSR n
2. Fraktion: 10 min; 200···250°C; 12···13 Torr; p_H 9; Na^+ n, HSR ssp
3. Fraktion: 5 min; 250°C; 12···13 Torr; p_H 10; Na^+ n, HSR ssp
4. Fraktion: 5 min; 250°C; 0,5 Torr; p_H 10; Na^+ n, HSR sp

Erläuterungen: Die p_H-Angabe gilt für eine 10%ige wss. Lösung des Destillates. Auf Na^+ wurde mit der Flammprobe geprüft. Die Hydroxamsäurereaktion (HSR) wurde in einer mit 2 Tropfen 2%iger methanol. $FeCl_3$-Lösung versetzten 1 m wss. Lösung von $NH_2OH \cdot HCl$ durchgeführt, die unmittelbar vor der Reaktion auf p_H 8 gebracht und 1 min zusammen mit der zu prüfenden Substanz bei dieser Alkalinität belassen wurde.

n = negativ, ssp = sehr schwach positiv,
sp = schwach positiv.

Der Rückstand im Schiffchen reagierte stark alkalisch und gab eine positive HSR. Er wurde mit 5 ml absolutem Benzol versetzt und damit 1 h mechanisch geschüttelt. Danach wurde über eine Glasfritte filtriert und das Filtrat mit ca. 10%iger HCl/Eisessig versetzt. Positive HSR und Ninhydrinreaktion (beide auf Filtrierpapier) zeigten Gehalt an energiereicher Verbindung mit freien Aminogruppen an. Von der Lösung wurden 20 Kapillartropfen aufgegeben und gegen HCl · H-Cap-CL in BEW chromatographiert. Beide Substanzen hatten nach Ninhydrinentwicklung den gleichen R_f-Wert.

Die Ausführung der Molekulardestillation wurde bereits durch Bild 2 und den Text auf S. 476 erläutert. Ergänzend ist zu bemerken, daß die Temperaturmessung mit Fe-Konstantan-Thermoelementen erfolgte, deren Meßwerte mit einem Ortex-Temperaturschreiber des VEB Meßgeräte- und Armaturenwerk Magdeburg (Meßbereich 20 bis 300°C) aufgezeichnet wurden. Die Thermoelemente befanden sich zwischen Heizkerzen und Lauffläche der Schmelze (in Bild 2 sind sie nur der besseren Übersichtlichkeit wegen in das Innere der Kerze skizziert worden).

Die Fraktionen 2 und 3 wurden sofort in 50 ml 0,01 n HCl gelöst und mit einer Lösung von 0,1 g $Na[B(C_6H_5)_4]$ in 20 ml Wasser versetzt. Nach 1 h Stehen im Eisschrank wurde der schwer filtrierbare Niederschlag abgesaugt und im Vakuum bei Raumtemperatur über P_4O_{10} getrocknet (Schmp. 103 bis 115°C, einzelne aus dem Konglomerat isolierte Kristalle schmolzen bei 121°C). Die Substanz zeigte positive HSR auf energiereiche Verbindungen (Reaktionsdauer 1 min). Ihr R_f-Wert in BEW war identisch mit dem der synthetisierten authentischen Substanz.

3.4 *Polymerisationen*

Caprolactam wurde wie früher angegeben gereinigt [37], die Darstellung von Na-CL erfolgte nach unserer Vorschrift [8], wobei der Methanolgehalt des hier verwendeten Katalysators 0,3% betrug. Um eine gute Homogenität der Schmelze zu gewährleisten, wandelten wir die ursprüngliche Polymerisationsapparatur [37] so ab, daß sie in Reaktionsgefäß und Aufsatz der von *Zimmermann* [45] beschriebenen Polykondensationsapparatur glich. Das Reaktionsgefäß tauchte in ein auf 230 °C ± 1 grd gehaltenes, mechanisch gerührtes Silikonölbad. Die Polymerisationen erfolgten bei Normaldruck unter strömendem, trockenem Reinststickstoff (5 l/h), wobei die Polymerenschmelze mit 50 Umdrehungen/min gerührt wurde.

Zur Messung der rel. Lösungsviskosität wurden die zerkleinerten Proben 14 h mit heißem Methanol extrahiert (Soxhletprinzip), bei 60 °C/10 mm Hg über P_4O_{10} zur Gewichtskonstanz getrocknet und eine 0,5%ige Lösung der Trockensubstanz in Trikresol bei 20 °C in einem Ubbelohde-Viskosimeter (Kapillare Nr. 2) vermessen.

Herrn Prof. Dr. *H. Klare* und Herrn Prof. Dr. *E. Correns* danke ich für ihr wohlwollendes Interesse an diesen Untersuchungen.

Dem früheren Leiter der Abteilung „Polykondensatfasern", Herrn Dr. habil. *M. Rothe*, der die präparativen Arbeiten anregte, habe ich für wertvolle Ratschläge sowie für die Überlassung von cyclischen Oligomeren der Aminocapronsäure zu danken.

Ansatzpunkte zur Erschließung des Gebietes der aliphatischen Aminoacyl-lactame lernte ich in der Diplomarbeit von Herrn *G. Tomaschewski* kennen, dem ich auch an dieser Stelle für die Anregungen zur Verknüpfungsmethodik danken möchte, die ich seiner Arbeit entnehmen konnte.

An der Durchführung der Synthesen waren Frau *Helga Gehrke* und Frau *Margrit Jaeger* beteiligt; ihnen gilt mein herzlicher Dank für sorgfältige und unermüdliche Mithilfe.

Ganz besonders danken möchte ich Herrn *J. Moskalenko*, der mich vor allem bei der mühsamen Suche nach dem Zwischenprodukt der Startreaktion mit Geschick und Begeisterung unterstützt hat.

Literatur

[1] *Heikens, D.*, Makromol. Chemie **18** (1956) S. 62; *Špitalnyj, A. S.*, *Špitalnyj, M. A.*, und *Jabločnik, N. S.*, Ž. prikl. Chimii (Z. angew. Chemie) **32** (1959) S. 617; *Špitalnyj, A. S.*, Ž. obšč. Chimii (Z. allgem. Chemie) **31** (1961) S. 1037.

[2] *Gehrke, K.*, Faserforsch. u. Textiltechn. **14** (1963) S. 468.

[3] *Wichterle, O.*, *Šebenda, J.*, und *Králiček, J.*, Fortschr. Hochpolymeren-Forsch. **2** (1961) S. 578.

[4] *Hanford, W. E.*, und *Joyce, R. M.*, J. Polymer Sci. **3** (1948) S. 167; vgl. auch *Schlack, P.*, Makromol. Chemie **35A** (1960) S. 125.

[5] *Šebenda, J.*, und *Králiček, J.*, Collect. czechoslov. chem. Commun. **23** (1958) S. 766.

[6] *Tomaschewski, G.*, Diplomarbeit, Humboldt-Universität Berlin 1959.

[7] *Griehl, W.*, und *Schaaf, S.*, Makromol. Chemie **32** (1959) S. 170.

[8] *Reinisch, G.*, Faserforsch. u. Textiltechn. **13** (1962) S. 549.

[9] *Šebenda, J.*, und *Králiček, J.*, Collect. czechoslov. chem. Commun. **29** (1964) S. 1017.

[10] *Reinisch, G.*, Faserforsch. u. Textiltechn. **13** (1962) S. 43; *Rothe, M.*, *Reinisch, G.*, *Jaeger, W.*, und *Schopov, I.*, Makromol. Chemie **54** (1962) S. 188; *Reinisch, G.*, Z. Chemie **2** (1962) S. 254.

[11] *Gehrke, K.*, Faserforsch. u. Textiltechn. **13** (1962) S. 556.

[12] *Zahn, H.*, u. Mitarb., Angew. Chemie **68** (1956) S. 229.

[13] *Champetier, G.*, und *Sekiguchi, H.*, Bull. Soc. chim. France (1960) S. 1831.

[14] *Wieland, Th.*, und *Bernhard, H.*, Liebigs Ann. Chemie **572** (1951) S. 190; *Boissonas, R. A.*, Helv. chim. Acta **34** (1951) S. 874; *Vaughan jr., R. J.*, J. amer. chem. Soc. **73** (1951) S. 3547.

[15] *Nelson, J. S.*, *Goldblatt, L. A.*, und *Applewhite, T. H.*, J. org. Chemistry **28** (1963) S. 1905.

[16] *Schipper, E.*, und *Nichols, J.*, J. amer. chem. Soc. **80** (1958) S. 5714.

[17] *Hais, I. M.*, und *Macek, K.*, Handbuch der Papierchromatographie, S. 113, Jena: Gustav Fischer 1958.

[18] *Reinisch, G.*, und *Jaeger, W.*, unveröffentlichte Versuche.

[19] *Zahn, H.*, und *Rexroth, E.*, Z. analyt. Chemie **148** (1955/56) S. 181.

[20] *Rothe, M.*, und *Kunitz, F.-W.*, Liebigs Ann. Chem. **609** (1957) S. 88.

[21] *Schwenke, K.-D.*, Dissertation, Math.-Nat. Fak. Universität Halle/Saale 1963.

[22] *Andersson, G. W.*, u. Mitarb., J. amer. chem. Soc. **74** (1952) S. 5304, 5307 u. 5309.

[23] *Wieland, Th.*, u. Mitarb., Liebigs Ann. Chemie **583** (1953) S. 129; **597** (1955) S. 227.

[24] *Wieland, Th.*, und *Mohr, H.*, Liebigs Ann. Chemie **599** (1956) S. 222.

[25] *Wieland, Th.*, und *Urbach, H.*, Liebigs Ann. Chemie **613** (1958) S. 84.

[26] *Akimova, L. N.*, und *Gavrilov, N. J.*, Ž. obšč. Chimii (Z. allgem. Chemie) **23** (1953) S. 335; *Poddubnaja, N. A.*, und *Lavrenova, G. J.*, Ž. obšč. Chimii (Z. allgem. Chemie) **28** (1958) S. 404; vgl. aber auch *Akimova, L. N.*, Dokl. Akad. Nauk SSSR (Ber. Akad. Wiss. UdSSR) **112** (1957) S. 1047.

[27] *Chrzczonowicz, St.*, und *Wlodarczyk, M.*, Makromol. Chemie **48** (1961) S. 135.

[28] *Rothe, M.*, J. Polymer Sci. **30** (1958) S. 227.

[29] *Šebenda, J.*, und *Stehlíček, J.*, Collect. czechoslov. chem. Commun. **28** (1963) S. 2731.

[30] *Rothe, M.*, Makromol. Chemie **35** (1960) S. 183.

[31] *Antonov, V. K.*, *Shkrob, A. M.*, *Shchelokov, V. I.*, und *Shemyakin, M. M.*, Tetrahedron Letters (1963) 21, S. 1353.

[32] *Griot, R. G.*, und *Frey, A. J.*, Tetrahedron **19** (1963) S. 1661.

[33] *Stich, K.*, und *Leemam, H. G.*, Helv. chim. Acta **46** (1963) S. 1151.

[34] *Crane, F. E.*, Analytic. Chem. **28** (1956) S. 1794.

[35] *Ben-Ishai, D.*, J. org. Chemistry **19** (1954) S. 62.

[36] *Liwschitz, Y.*, *Zilkha, A.*, und *Shahak, I.*, J. org. Chemistry **21** (1956) S. 1530.

[37] *Rothe, M.*, *Reinisch, G.*, und *Jaeger, W.*, Faserforsch. u. Textiltechn. **12** (1961) S. 448; *Reinisch, G.*, und *Jaeger, W.*, Faserforsch. u. Textiltechn. **13** (1962) S. 79; *Rothe, M.*, *Reinisch, G.*, *Jaeger, W.*, und *Schopov, I.*, Makromol. Chemie **54** (1962) S. 188.

[38] *Hamann, A.*, Faserforsch. u. Textiltechn. **9** (1958) S. 351.

[39] *Griehl, W.*, und *Schaaf, S.*, Makromol. Chemie **32** (1959) S. 170.

[40] loc. cit. [17] S. 741 u. 753.

[41] *West, H.*, Faserforsch. u. Textiltechn. **5** (1954) S. 145.

[42] *Wittig, G.*, *Keicher, G.*, *Rückert, A.*, und *Raff, P.*, Liebigs Ann. Chemie **563** (1949) S. 110.

[43] *Bergmann, M.*, und *Zervas, L.*, Ber. dtsch. chem. Ges. **65** (1932) S. 1192; *Fox, S. W.*, und *Wax, H.*, J. amer. chem. Soc. **73** (1951) S. 2936.

[44] *Šibnev, V. A.*, *Kozarenko, T. D.*, und *Porošin, K. T.*, Izv. Akad. Nauk SSSR, Otd. chim. Nauk (Nachr. Akad. Wiss. UdSSR, Abt. chem. Wiss.) (1960) S. 1500.

[45] *Zimmermann, H.*, Faserforsch. u. Textiltechn. **13** (1962) S. 481.

Eingegangen am 13. Juni 1964

Über die Feinstruktur der Polyamide

IV. Bestimmung des Ordnungszustandes von Polycaprolactam durch Ultrarotspektroskopie [1])

Christian Ruscher und Johannes Dechant

Deutsche Akademie der Wissenschaften zu Berlin, Institut für Faserstoff-Forschung in Teltow-Seehof, Abteilung Physik

DK 678.675:678.675'126:539.26
535.343—15:548.734

Durch Vergleich mit Röntgenbeugungsdiagrammen werden die strukturempfindlichen UR-Absorptionsbanden von Polycaprolactam qualitativ bestimmten Strukturmerkmalen zugeordnet. Quantitative Messungen ermöglichen die Aufstellung eines Ordnungsspektrums, das die übermolekulare Struktur der Proben gut charakterisiert. Ein Zweiphasenmodell kann den Ordnungszustand nur unvollkommen wiedergeben.

О тонкой структуре полиамидов. IV. Определение упорядоченности поликапролактама методом ИК-спектроскопии

Путем сравнения с рентгенограммами зависящие от структуры полосы ИК-спектров поглощения поликапролактама отнесены к определенным качественным показателям структуры. При помощи количественных измерений возможно составить спектр распределения упорядоченности, хорошо характеризующий надмолекулярную структуру образцов. Двухфазная модель дает лишь неполное представление о характере упорядоченности.

On the Fine Structure of Polyamids. IV. Determination of the State of Order in Polycaprolactam by Infrared Spectroscopy

The structurally sensitive infrared absorption bands of polycaprolactam are ascribed to certain structural characteristics by comparision with x-ray diffraction diagrams. Quantitative measurements permit to establish a spectrum of the states of order which represents well the supermolecular structure of the samples. A two phase model represents the states of order in a incomplete manner.

1 *Einführung*

In der vorangegangenen Arbeit [1] konnten wir auf Grund röntgenographischer Untersuchungen zeigen, daß die Kettenmoleküle von Polycaprolactam in mindestens drei verschiedenen Anordnungen vorliegen können. Damit wird speziell für Polycaprolactam die Bestimmung eines „Kristallinitätsgrades" unmöglich. Über die allgemeine Problematik der Ordnungszustände in Hochpolymeren und ihrer Bestimmung berichten wir in anderen Arbeiten [2]. Um die unterschiedlichen Molekülanordnungen bei Polycaprolactam nicht nur röntgenographisch zu charakterisieren, haben wir ultrarotspektroskopische Vergleichsuntersuchungen begonnen, über deren erste Ergebnisse in der vorliegenden Arbeit berichtet werden soll. An den Anfang der Arbeit wird eine kritische Literaturübersicht über ultrarotspektroskopische Untersuchungen an Polycaprolactam gestellt.

Das Ultrarotspektrum makromolekularer Substanzen wird durch intermolekulare Wechselwirkungen und den Ordnungszustand beeinflußt. Die Absorption der Wasserstoffvalenzschwingungen wird zu niedrigeren Wellenzahlen verschoben, wenn das Proton an einer Wasserstoffbrückenbindung beteiligt ist. Bei Polyamiden ist die Valenzschwingung der freien NH-Gruppen etwa bei 3400 bis 3450 cm^{-1} zu erwarten [3]. Im festen Zustand wurden drei Absorptionsbanden gefunden, die etwa bei 3300 cm^{-1}, 3200 cm^{-1} und 3080 cm^{-1} liegen. Diese Banden wurden unterschiedlich gedeutet.

Michajlov, *Šigorin* und *Makareva* [4 bis 6] nehmen drei verschiedene Wasserstoffbrücken an. Durch trans- bzw. cis-Stellung der Amidgruppe sollen sich zwischen benachbarten Molekülen einfache und Zwillings-H-Brücken ausbilden können, denen die Banden 3300 cm^{-1} bzw. 3080 cm^{-1} zugeordnet werden. Die Bande 3200 cm^{-1} wird auf intramolekulare Wasserstoffbrücken zurückgeführt, die durch cyclische Strukturen oder durch Kettenfaltung ähnlich wie bei Keratin ermöglicht werden.

Nikitin [7] lehnt diese Deutung ab und nimmt an, daß eine Wasserstoffbrücke mehrere Absorptionsbanden haben kann. So treten beim Diketopiperazin, bei dem nur zwei verschiedene Wasserstoffbrücken möglich sind, im betreffenden Spektralbereich sechs Banden auf. Aus Untersuchungen an Proben mit unterschiedlichem Ordnungszustand folgern *Nikitin* und *Volček* [8], daß die Bande bei 3300 cm^{-1} den NH-Gruppen sowohl im kristallinen als auch im amorphen Zustand und die Bande bei 3080 cm^{-1} den NH-Gruppen im amorphen Zustand zuzuordnen sind. Dem ist entgegen zu halten, daß eine nach 3080 cm^{-1} verschobene NH-Valenzschwingung die Folge einer sehr festen Wasserstoffbrücke mit besonders kurzem CN-Abstand sein müßte [9]. Das ist aber für den ungeordneten Anteil nicht zu erwarten. *Tobin* und *Carrano* [10] kommen bei Untersuchungen im festen und geschmolzenen Zustand zum entgegengesetzten Ergebnis und ordnen die Bande 3080 cm^{-1} den Valenzschwingungen der im Kristallgitter gebundenen NH-Gruppen zu.

Cannon hat sich sehr eingehend mit der Wasserstoffbrückenbindung in Amiden befaßt [11, 12]. In der älteren Arbeit [11] vertritt er die Ansicht, daß die bei Nylon 66 gefundenen Banden 3200 cm^{-1}, 3080 cm^{-1} und 3063 cm^{-1} auf Neben-NH-Valenzschwingungen zurückzuführen sind. In der Arbeit [12] werden die Frequenzverschiebungen dieser Banden bei Temperaturänderungen oder Substitutionen mit der Lage der Amidbanden I und II verglichen. Aus Korrelationsbetrachtungen folgt die Deutung der Bande 3200 cm^{-1} als Kombinationsschwingung der Amidbanden I und II und der Bande 3080 cm^{-1} als erste Oberschwingung der Amidbande II. Auch *Elliott* u. Mitarb. erklärten die Bande bei 3080 cm^{-1} als Oberschwingung [13].

Die Intensität der betrachteten Absorptionsbanden ist größer, als man für Ober- bzw. Kombinationsschwingungen erwarten sollte. Die Intensitätserhöhung ist eine Folge der Fermiresonanz mit der NH-Valenzschwingung [14]. Sowohl an der Amidbande I als auch besonders an der Amidbande II ist die NH-Gruppe beteiligt [15, 16]. Die Fermiresonanz erklärt auch den senkrechten Dichroismus der Bande bei 3080 cm^{-1}, deren Grundschwingung eine Parallelbande ist. Durch die Fermiresonanz wird der senkrechte Anteil der Amidbande II bevorzugt verstärkt, da die NH-Valenzschwingung senkrechten Dichroismus hat. Eine Oberschwingung der Amidbande I tritt nicht auf, da diese Schwingung und die NH-Valenzschwingung zu verschiedenen Symme-

[1]) Teil III s. [1].

triegruppen gehören und Fermiresonanz nicht möglich ist [12].

King und *Wood* benutzten die NH-Valenzbande 3300 cm^{-1} zur Kristallinitätsbestimmung [17]. Sie fanden, daß der Extinktionskoeffizient des amorphen Anteils in Nylon 6 nur etwa ein Sechstel des Extinktionskoeffizienten der kristallinen Substanz beträgt. Die getrennte Bestimmung des Extinktionskoeffizienten wurde durch Deuterierung mit D_2O bzw. HCOOD ermöglicht [18]. Aus der Bandenhöhe, die mit der vom Ordnungszustand unabhängigen CH_2-Valenzbande verglichen wird, kann dann der Kristallinitätsgrad bestimmt werden. Dieses Verfahren sieht sehr elegant aus. Es ist jedoch zu bedenken, daß die Behandlungen mit Wasser und Ameisensäure den Ordnungszustand stark verändern, weshalb die Methode nicht allgemein anwendbar ist.

Trifan und *Terenzi* [19] fanden an Polyamiden und Polyurethanen mit verschiedener Anzahl von CH_2-Gruppen zwischen den Peptidgliedern, daß bei Zimmertemperatur alle NH-Gruppen durch Wasserstoffbrücken gebunden sind.

Die spektroskopische Untersuchung im Bereich der NH-Valenzschwingung ermöglicht Aussagen über Art und Ausmaß der Wasserstoffbrückenbindung in Polyamiden. Für eine quantitative Bestimmung des Ordnungszustandes ist das Ultrarotspektrum in diesem Bereich jedoch zu wenig differenziert.

Unter bestimmten Voraussetzungen treten im Ultrarotspektrum von Hochpolymeren sogenannte Kristallinitätsbanden oder amorphe Banden auf, d. h. Absorptionsbanden, die sich eindeutig dem kristallinen oder amorphen Anteil zuordnen lassen. Zwischen den Schwingungen bestimmter Gruppen in der Elementarzelle eines kristallisierenden Hochpolymeren bestehen feste Phasenbeziehungen. Die Frequenz der Schwingung hängt von der Phasenlage ab, wodurch im Ultrarotspektrum der kristallinen Substanz neue Absorptionsbanden auftreten oder die beim freien Molekül vorhandenen Banden aufspalten [10]. Die Größe der Aufspaltung hängt von der Stärke der Kopplung zwischen den schwingenden Gruppen ab [20]. Andererseits haben die amorphen Banden ihren Ursprung in Molekülschwingungen, die im kristallinen Zustand nicht auftreten können oder dort nicht ultrarotaktiv sind, oder sie sind auf das Auftreten mehrerer Rotationsisomere zurückzuführen, von denen nur ein Isomer in das Kristallgitter eingebaut wird.

Die Bestimmung des Kristallinitätsgrades durch Ausmessung von kristallinen und amorphen Banden setzt eine Zweiphasenstruktur voraus. Nicht allein, weil sich nur in diesem Falle ein Kristallinitätsgrad definieren läßt, sondern auch weil sich nur bei einer Struktur mit definierten abgegrenzten Phasen bestimmte Absorptionsbanden einer bestimmten Molekülanordnung zuordnen lassen. Bei manchen Hochpolymeren, z. B. linearem Polyäthylen, ist diese Voraussetzung in gewissen Grenzen erfüllt [21]. *Zachmann* und *Stuart* [22] untersuchten die Temperaturabhängigkeit der Ultrarotabsorption von Polyäthylen und Polyäthylenterephthalat. Die Extinktion wird in den meisten Fällen durch die Temperaturbewegung wesentlich beeinflußt, so daß aus Intensitätsänderungen beim Erhitzen nicht unmittelbar auf eine Änderung der Kristallinität geschlossen werden kann. Ferner wirken sich Baufehler im Kristallgitter aus, und eine Vorordnung in amorphen Bereichen kann eine Erhöhung des kristallinen Anteils vortäuschen. Bei quantitativen Untersuchungen muß daher gut überlegt werden, auf welches Merkmal die Bande anspricht.

Bei Polyamiden sind mehrere Strukturmodifikationen bekannt, und der Ordnungszustand läßt sich nicht durch Annahme einer Zweiphasenstruktur beschreiben. Wegen des komplizierteren Molekülbaus ist das UR-Spektrum bandenreicher als bei Polyäthylen, und die Banden überlappen sich zum Teil.

Sandeman und *Keller* [23] berechneten bei Nylon 6.10 das spezifische Gewicht des kristallinen Anteils aus den bekannten Röntgendaten und das des amorphen Anteils durch Extrapolation der gemessenen Dichte zu dem Wert, den man erhält, wenn die als rein kristallin angesehene Bande bei 940 cm^{-1} verschwindet. Mit Hilfe der so erhaltenen Dichtewerte wird eine Formel abgeleitet, die eine Bestimmung der Kristallinität aus den Ultrarotdaten gestattet. Erhebliche Abweichungen ergeben sich, wenn dieses Verfahren auf verstreckte oder bei höheren Temperaturen kristallisierte Proben angewandt wird, da dann offenbar keine Zweiphasenstruktur mehr vorliegt. Aus dem gleichen Grund sind auch die von *Starkweather* und *Moynihan* [24] und von *Nichols* [25] beschriebenen Methoden nicht allgemein gültig, die jeweils auf Messung einer kristallinen und einer amorphen Bande beruhen.

Bei Polycaprolactam bestimmten *Sandeman* und *Keller* im Bereich von 800 bis 1400 cm^{-1} Dichroismus und kristallinen Charakter der Ultrarotbanden. Bei 935 cm^{-1}, 970 cm^{-1} und 1030 cm^{-1} liegen Banden, deren Intensität zunimmt, wenn die Kristallinität durch Tempern erhöht wird. Dagegen nimmt die Intensität einer bei 990 cm^{-1} gelegenen Bande ab. Die Intensität dieser Bande verhält sich wie die bei 4,2 Å gelegene Röntgeninterferenz, die einer smektisch-hexagonalen Struktur zuzuschreiben ist. Über die Kristallinität des Polycaprolactams machen *Sandeman* u. Mitarb. nur qualitative Aussagen, da sich die einzelnen Banden schlecht voneinander trennen und messen lassen.

Jambrich und *Diačik* [26 bis 28] fanden, daß die Intensität der Banden 835 cm^{-1}, 935 cm^{-1} und 1030 cm^{-1} bei Wärmebehandlungen sich nicht gleichmäßig ändert, woraus zu schließen ist, daß diese Banden auf unterschiedliche Strukturmerkmale ansprechen.

Schneider u. Mitarb. [29 bis 33] kommen auf Grund ihrer UR-spektroskopischen Untersuchungen an Polyamiden und Modellsubstanzen zu der Ansicht, daß die Unterschiede in den Spektren nicht auf verschiedene übermolekulare Anordnungen zurückzuführen sind, sondern nur auf die Konformation des Einzelmoleküls. Zwar stehen Konformation und übermolekulare Struktur nicht ohne wechselseitige Beziehungen, doch soll für die UR-Spektroskopie die Konformation maßgebend sein. Alle Spektren von Polycaprolactam werden durch die Annahme von nur zwei Konformationen erklärt. Die Konformation *A* existiert nur in der kristallinen α-Form, die Konformation *B* tritt in der kristallinen γ-Form, in der smektisch-hexagonalen und in der amorphen Modifikation auf. Zur Beschreibung der beiden Konformationen wurden die Ergebnisse der Röntgenstrukturanalyse herangezogen. Nach *Holmes, Bunn* und *Smith* [34] liegen in der kristallinen Form die Moleküle in geraden, gestreckten Ketten vor. Dies wird als das wesentliche Merkmal der Konformation *A* angesehen. Die Konformation *B* läßt sich mit Hilfe der von *Kinoshita* [35] angegebenen Struktur der kristallinen γ-Form erklären. Hier sind die Amidgruppen aus der Ebene der Kohlenwasserstoffkette herausgedreht, was zu einer Verkürzung der Ketten führt.

Diese Übersicht zeigt, daß über die Deutung der Strukturabhängigkeit des Ultrarotspektrums von Polyamiden keine übereinstimmenden Auffassungen bestehen. Dies veranlaßte uns zu einer ausführlichen experimentellen Untersuchung des Fragenkomplexes. Wir beschränkten uns auf den Spektralbereich von 400 bis 1500 cm^{-1}, in dem eine große Anzahl strukturabhängiger Banden liegen. Die Amidbanden I und II, die CH- und NH-Valenzschwingungen und die Oberschwingungen der Amidbanden wurden nicht in die Untersuchung einbezogen. Diese Einschränkung erfolgte vor allem aus experimentellen Gründen. Die genannten Absorptionsbanden sind sehr stark, so daß Proben mit wesentlich geringerer Schichtdicke erforderlich sind als im übrigen Spektralbereich. Die Herstellung sehr dünner

Proben mit definierter Struktur bereitet erhebliche experimentelle Schwierigkeiten, und der Vergleich mit anderen Proben ist schwierig.

2 *Experimentelles*

2.1 *Herstellung der Proben*

Tabelle 1 enthält eine Zusammenstellung der untersuchten Proben und der Herstellungsbedingungen.

Die Folien A wurden zwischen Glasplatten unter Stickstoff geschmolzen und auf die angegebenen Temperaturen abgeschreckt. Ausgangssubstanz waren extrahierte und getrocknete Polycaprolactamschnitzel. Beim Schmelzprozeß entstehen Gasblasen, die durch Zusammenpressen der Glasplatten entfernt werden können, wenn durch Temperaturerhöhung die Viskosität der Schmelze verringert wird. Die dafür erforderlichen Temperaturen haben die Zersetzung der Substanz und eine Erhöhung des Monomerengehaltes zur Folge. Die Absorptionsbanden des monomeren Lactams stören bei der Auswertung des UR-Spektrums.

Die Erwärmung erfolgte auf einer elektrischen Heizplatte oder in einem Silikonölbad. Um das Festkleben der Proben zu vermeiden, wurden die Glasplatten mit einer dünnen Schicht Silikonfett versehen. Die so erhaltenen Proben sind wegen ihrer Inhomogenität für die quantitative UR-Spektroskopie nicht gut geeignet. Die Struktur läßt sich auch bei Einhaltung der Herstellungsbedingungen nicht immer einwandfrei reproduzieren.

Tabelle 1. Herstellung und Vorbehandlung der Proben

Bezeichnung der Probe	Herstellung und Vorbehandlung	Schichtdicke [mm]
Schmelzfolien		
A 1	Schmelze langsam bei Zimmertemperatur abgekühlt	0,025
A 2	Schmelze abgeschreckt auf 0 °C in Paraffinöl	0,03
A 3	Schmelze abgeschreckt auf -50 °C in Methanol	0,025
Drehspäne		
B 1	Schmelze langsam im Thermostat abgekühlt	0,015; 0,025; 0,05
B 2	Schmelze abgeschreckt auf -30 °C	0,02; 0,03; 0,06
B 3	Schmelze abgeschreckt auf -50 °C	0,02; 0,03; 0,05
Folien aus HCOOH		
C 1	2,8 g PCL + 100 ml HCOOH[1]) getrocknet bei 50 °C	0,01; 0,02; 0,03
C 2	10 g PCL + 90 ml HCOOH[1]) + 10 ml H_2O getrocknet im Vakuum bei Zimmertemperatur	0,01; 0,03
C 3	5 g PCL + 90 ml HCOOH[1]) + 10 ml H_2O getrocknet im Vakuum bei 80 °C	0,02; 0,03
C 4	5 g PCL + 70 ml HCOOH[1]) + 30 ml H_2O getrocknet im Vakuum bei 80 °C	0,045
Kommerzielle Folie[2])		
D 1	unbehandelt	0,05
D 2	1 h in H_2O bei 100 °C	0,05
D 3	16 h an Luft bei 160 °C	0,05

[1]) etwa 80%ig.
[2]) Für die Überlassung der Probe danken wir Herrn Dr. *I. Diačik*, Forschungsinstitut für Chemiefasern in Svit (ČSSR).

Eine andere Möglichkeit besteht darin, von kompaktem Material hinreichend dünne Proben abzutrennen. Schneiden im Mikrotom ist wegen der Zähigkeit des Materials und der erforderlichen großen Probenflächen nicht möglich. Es gelang jedoch, durch Bearbeitung auf einer Drehbank Späne zu erhalten, die für die spektroskopische Untersuchung gut geeignet sind.

Zur Herstellung der Rohlinge wurden extrahierte und getrocknete Polycaprolactamschnitzel in einem Glasgefäß von 50 mm ⌀ im Thermostaten bei 260 °C unter Stickstoff geschmolzen. Die Schmelze blieb zur Entgasung etwa 2 h stehen. Anschließend wurde das Glasgefäß mit der Schmelze in eine Methanol-Trockeneis-Mischung der gewünschten Abschrecktemperatur eingebracht. Infolge der starken Schrumpfung beim plötzlichen Abkühlen zersprangen die Proben; doch blieben Teile erhalten, die sich auf der Drehbank bearbeiten ließen. Da im Innern der Proben die Abkühlung langsamer erfolgt und Zeit für Kristallisationsvorgänge vorhanden ist, wurden nur Drehspäne aus den äußeren Schichten (bis 0,3 mm Tiefe) für die spektroskopischen Untersuchungen benutzt.

Die Proben C wurden durch Eindampfen einer Lösung von Polycaprolactam in Ameisensäure hergestellt. *Kawaguchi* u. Mitarb. [36] erhielten durch Variation der Säurekonzentration und der Trocknungstemperaturen Folien, die entweder vorwiegend die kristalline α-Form oder die γ-Form enthielten. Wir konnten diese Ergebnisse nicht bestätigen. Aus der Lösung erhaltene Folien haben sehr hohen Ordnungsgrad, und das Röntgendiagramm (Bild 3) zeigt, daß die monokline α-Form überwiegt. Trotzdem sind in den einzelnen Proben strukturelle Unterschiede vorhanden.

Ferner stand für unsere Untersuchungen eine Polycaprolactamfolie unbekannter Herkunft von etwa 0,05 mm Dicke zur Verfügung. Diese Schichtdicke ist nur für einen Teil des interessierenden Spektralbereichs geeignet. Da diese Probe einen relativ niedrigen Ordnungsgrad hat, kann die Struktur durch Tempern variiert werden.

In Bild 1 bis Bild 4 sind die Röntgenbeugungsdiagramme der Proben wiedergegeben.

2.2 *Meßergebnisse und Auswertung*

Die Spektren wurden mit dem Ultrarotspektralphotometer UR 10 aufgenommen. Die Proben wurden auf mit Ausschnitten versehenen Papprähmchen befestigt und ohne weiteres Trägermaterial oder Immersionen in den Strahlengang gebracht. Streuverluste und Beschneidungen des Lichtweges bei zu kleinen Proben wurden durch eine verstellbare Blende im Vergleichsstrahl kompensiert.

Infolge der Deformation bei der spanabhebenden Bearbeitung sind die Drehspäne, wie das Röntgenbeugungsdiagramm (Bild 2) zeigt, schwach orientiert. Für die quantitative spektroskopische Untersuchung orientierter Proben ist die Verwendung polarisierter Strahlung erforderlich. Die Spektren der betreffenden Proben wurden unter Einschaltung eines Selenpolarisators registriert und die Extinktion nach der von *Sandeman* und *Keller* [23] angegebenen Formel

$$E = \frac{E_{\parallel} + 2E_{\perp}}{3} \quad (1)$$

berechnet.

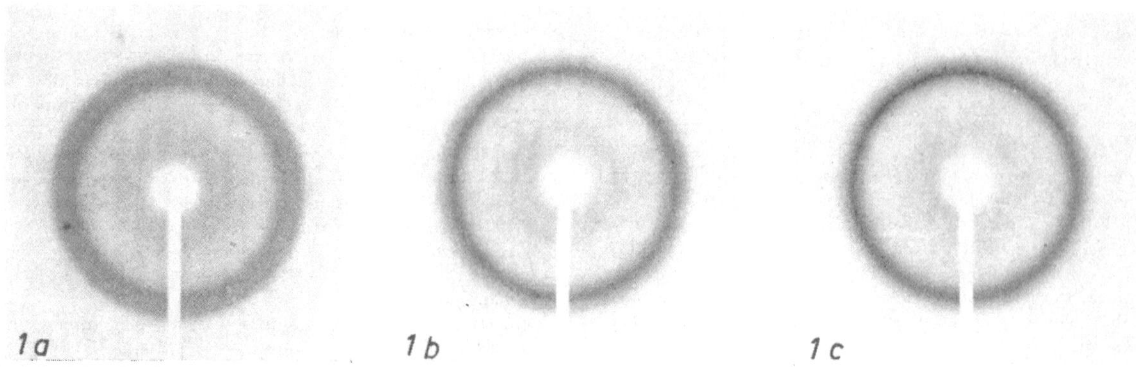

a) A 1 Schmelze langsam auf Zimmertemperatur abgekühlt
b) A 2 Schmelze abgeschreckt auf 0 °C in Paraffinöl
c) A 3 Schmelze abgeschreckt auf −50 °C in Methanol

Bild 1. Röntgendiagramme der Schmelzfolien

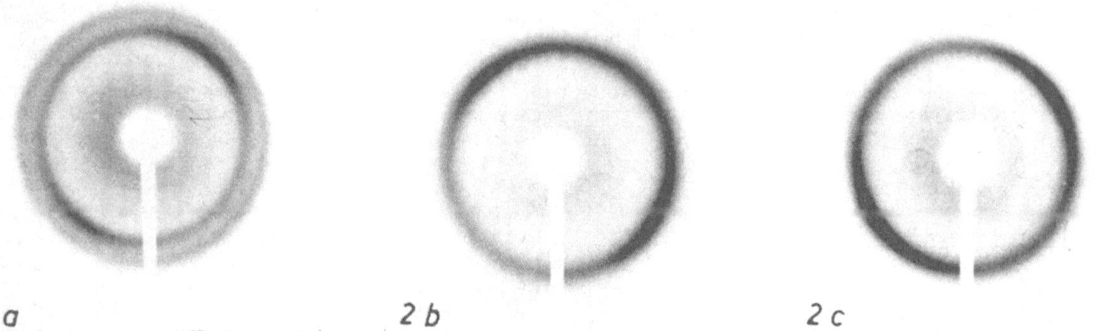

a) B 1 Schmelze langsam im Thermostat abgekühlt
b) B 2 Schmelze abgeschreckt auf −30 °C in Methanol
c) B 3 Schmelze abgeschreckt auf −50 °C in Methanol

Bild 2. Röntgendiagramme der Drehspäne

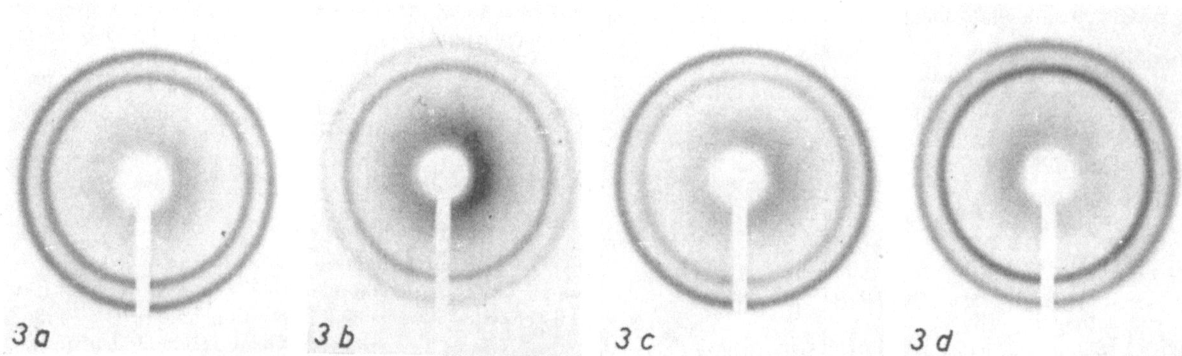

a) C 1 2,8 g PCL + 100 ml HCOOH (80%ig) getrocknet bei 50 °C
b) C 2 10 g PCL + 90 ml HCOOH + 10 ml H_2O getrocknet im Vakuum bei Zimmertemperatur
c) C 3 5 g PCL + 90 ml HCOOH + 10 ml H_2O getrocknet im Vakuum bei 80 °C
d) C 4 5 g PCL + 70 ml HCOOH + 30 ml H_2O getrocknet im Vakuum bei 80 °C

Bild 3. Röntgendiagramme der Folien aus Ameisensäure

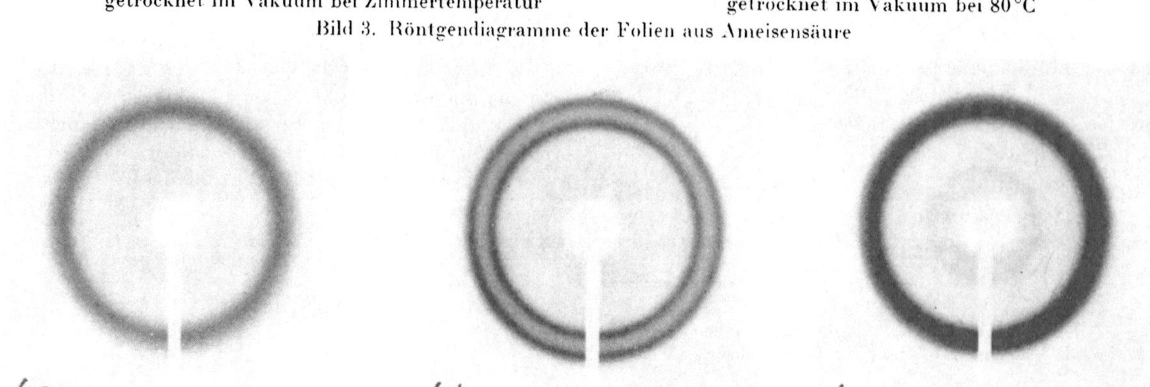

a) D 1 unbehandelt
b) D 2 1 h in H_2O bei 100 °C
c) D 3 16 h an Luft bei 160 °C getempert

Bild 4. Röntgendiagramme einer Polycaprolactamfolie

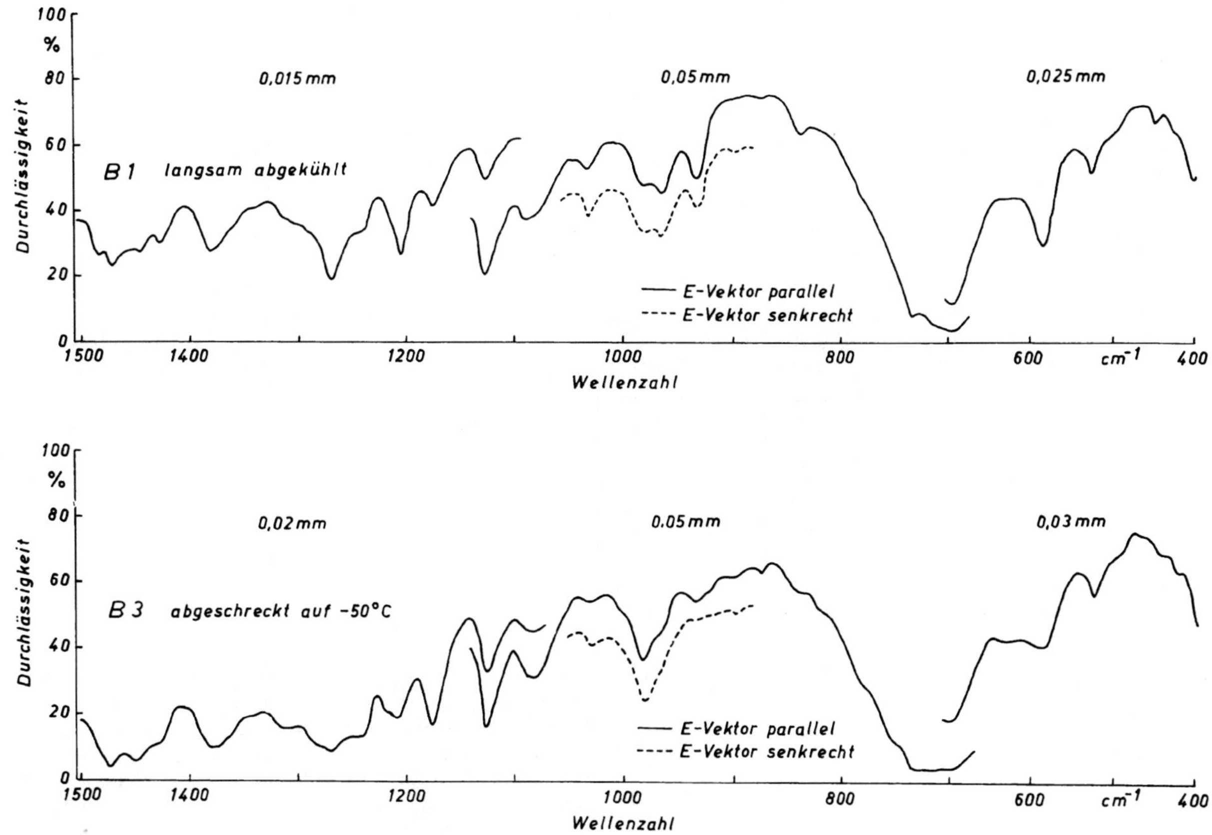

Bild 5. UR-Spektrum der Proben B 1 und B 3

In Bild 5 sind die Spektren der Proben B 1 und B 3 wiedergegeben. Die Extinktion wurde nach dem Grundlinienverfahren bestimmt. Die Festlegung der Grundlinie ist bei einer Substanz mit starker Untergrundabsorption nicht ohne Willkür möglich. Wir haben uns bemüht, die Grundlinie so zu legen, daß sie dem aus dem Spektrum abschätzbaren Verlauf der Untergrundabsorption möglichst nahe kommt. Bei allen Spektren wurde darauf geachtet, daß für einander entsprechende Banden die Grundlinie in gleicher Weise festgelegt wurde. In Gebieten starker Bandenüberlagerung können die nach einem derartigen Verfahren bestimmten Extinktionen nur für qualitative Betrachtungen herangezogen werden.

Streng genommen müßte man einer Bestimmung des Ordnungszustandes statt der maximalen Absorption die integrale Absorption zugrunde legen. *Novak* [37] zeigt, daß man in beiden Fällen verschiedene Ergebnisse erhält. Die Berechnung der integralen Absorption ist jedoch nur bei völlig isolierten Absorptionsbanden sinnvoll.

Die Schichtdicke der Proben läßt sich mit einem Mikrometer nur ungenau bestimmen und wird durch Inhomogenitäten verfälscht. Um die Extinktion einer Bande für verschiedene Proben vergleichen zu können, ist ein innerer Standard, d. h. eine Vergleichsbande, erforderlich, deren Extinktion ein Maß für die durchstrahlte Schicht ist. *Sandeman* und *Keller* [23] sowie *Jambrich* und *Diačik* [26, 27] empfehlen die Bande bei 1080 cm^{-1}, während *Schneider* u. Mitarb. [29, 30] die bei 1125 cm^{-1} gelegene Bande bevorzugen. Wir stellten fest, daß das Extinktionsverhältnis dieser beiden Absorptionsbanden für Proben mit unterschiedlichem Ordnungszustand nicht konstant ist, daß also mindestens eine von beiden nicht unabhängig von der Struktur ist. Eine genauere Betrachtung zeigt, daß bei besserer Ordnung die Bande 1080 cm^{-1} etwas kleinere Intensität hat. *Novak* [37] ordnet diese Bande der amorphen Phase zu. Wir benutzten die Bande 1125 cm^{-1} als inneren Standard.

In Tabelle 2 sind die Ergebnisse, soweit sie für die weitere Diskussion benötigt werden, zusammengefaßt. Es wurde die spezifische Extinktion $E' = E_\sigma/E_{1125}$ eingetragen. Im Bereich von 1200 cm^{-1} bis 1500 cm^{-1} liegen noch zahlreiche weitere strukturempfindliche Absorptionsbanden, die sich aber wegen sehr starker Überlappung nicht zur Ordnungsgradbestimmung eignen.

Bei einer Zweiphasenstruktur mit den Modifikationen A und B in den Anteilen x_A und x_B beträgt die spezifische Extinktion für Banden, die nur auf eine Modifikation ansprechen,

$$E'_A = \alpha'_A x_A \quad \text{und} \quad E'_B = \alpha'_B x_A . \qquad (2)$$

α'_A und α'_B sind die Verhältnisse der Extinktionskoeffizienten α_A und α_B der strukturempfindlichen Banden zum Extinktionskoeffizienten der Vergleichsbande. Wenn zwei Proben 1 und 2 mit verschiedenen Anteilen

Tabelle 2. Spezifische Extinktion $E' = E_\sigma/E_{1125}$ der Proben

Wellenzahl σ [cm⁻¹]	A 1	A 2	A 3	B 1	B 2	B 3	C 1	C 2	C 3	C 4	D 1	D 2	D 3
525	0,29	0,29	0,39	0,54	0,31	0,37	0,74	1,12	0,68	1,00	0,37	0,66	0,50
580	1,19	1,13	0,73	1,43	0,63	0,54	2,15	2,70	2,87	2,50	0,85	1,59	1,16
630	0,0	0,0	0,14	0,0	0,21	0,23	0,0	0,0	0,0	0,0	0,16	0,15	0,22
690	3,64	3,45	—	4,14	—	—	5,1	7,2	3,7	5,8	—	4,50	—
700	—	—	3,25	—	2,57	2,52	—	—	—	—	3,11	—	4,83
835	0,07	0,10	Sch	0,14	0,06	0,014	0,32	0,29	0,27	0,30	0,10	0,20	0,14
933	0,30	0,19	0,05	0,42	0,08	0,04	0,81	0,80	0,84	0,93	0,17	0,54	0,24
963	(0,16)[1]	(0,42)[1]	0,0	0,31	0,10	0,06	0,87	1,18	0,55	0,94	0,0	0,64	0,07
980	(0,21)[1]	(0,34)[1]	0,53	0,49	0,80	0,66	Sch	Sch	Sch	Sch	0,54	0,13	0,59
1030	0,14	0,24	0,05	0,21	0,12	0,09	0,38	0,61	0,23	0,36	0,046	0,27	0,13
1080	0,56	0,52	0,62	0,45	0,57	0,55	0,30	0,37	0,28	0,26	0,50	0,38	0,54
1125	1,0	1,0	1,0	1,0	1,0	1,0	1,0	1,0	1,0	1,0	1,0	1,0	1,0
1175	1,54	2,01	2,42	2,09	2,21	2,72	2,12	1,85	1,73				
1205	2,37	2,12	1,31	2,72	1,00	0,92	6,01	4,74	6,15				

Sch = Schulterbande.
[1]) Starke Überlagerung durch die Absorption des Monomeren.

x_{A1} und x_{A2} vorliegen, können α_A' und α_B' berechnet werden:

$$\alpha_A' = \frac{E_{B1}' E_{A2}' - E_{A1}' E_{B2}'}{E_{B1}' - E_{B2}'}, \quad \alpha_B' = \frac{E_{A1}' E_{B2}' - E_{B1}' E_{A2}'}{E_{A1}' - E_{A2}'}. \tag{3}$$

Damit kann man aus den Gleichungen (2) die Anteile x_A und x_B bestimmen.

Wenn das Verhältnis

$$\frac{\alpha_A'}{\alpha_B'} = \frac{\alpha_A}{\alpha_B} \tag{4}$$

bekannt ist, können die Anteile der beiden Modifikationen unter Umgehung der Vergleichsbande aus den Gleichungen

$$x_A = \frac{E_A/E_B \cdot \alpha_B/\alpha_A}{1 + E_A/E_B \cdot \alpha_B/\alpha_A}, \quad x_B = \frac{1}{1 + E_A/E_B \cdot \alpha_B/\alpha_A} \tag{5}$$

berechnet werden.

Diese Auswerteverfahren können theoretisch auch auf Systeme mit mehr als zwei Modifikationen ausgedehnt werden [38, 39], vorausgesetzt, daß jeder Modifikation eine Bande zugeordnet werden kann. Der Rechenaufwand steigt dabei sehr stark an, und kleine Meßfehler wirken sich im Ergebnis empfindlich aus. Deshalb wird schon bei niedermolekularen Substanzen die Analyse von Mehrkomponentensystemen möglichst vermieden [38]. Bei festen Hochpolymeren ist, abgesehen von der Schwierigkeit, für jede Modifikation eine geeignete Bande zu finden, die Meßgenauigkeit zu gering, uns zu einem sinnvollen Ergebnis zu führen.

2.3 *Diskussion der Ergebnisse*

Eine qualitative Betrachtung der in Tabelle 2 zusammengestellten Ergebnisse zeigt, daß sich das UR-Spektrum von Polycaprolactam nicht durch Annahme von nur zwei Modifikationen erklären läßt, deren Spektren *A* und *B* sich überlagern. In diesem Fall müßten die zu einer Modifikation oder Konformation gehörenden Absorptionsbanden in einem konstanten Verhältnis zueinander stehen. Das Extinktionsverhältnis der Banden 1205 cm⁻¹ und 933 cm⁻¹, die von *Schneider* u. Mitarb. [29] beide der Konformation *A* zugeschrieben werden, variiert zwischen etwa 6 und mehr als 20. Für die der Konformation *B* zugeordneten Banden 1175 cm⁻¹ und 980 cm⁻¹ beträgt das Extinktionsverhältnis 2,8 bis 7. Dabei wurden die aus der Lösung erhaltenen Proben nicht beachtet, bei denen die Bande 980 cm⁻¹ unmeßbar klein wird, während die Extinktion bei 1175 cm⁻¹ von gleicher Größe wie bei den anderen Proben bleibt. Diese Schwankungen sind zu groß, um durch mangelnde Homogenität der Proben oder Meßfehler erklärt zu werden. Man muß annehmen, daß die einzelnen Banden auf sehr verschiedene Strukturmerkmale ansprechen.

525 cm⁻¹. Diese Bande tritt bei allen untersuchten Proben mit merklicher Intensität auf. Sie ist am größten bei den Proben, deren Röntgendiagramm zwei deutlich getrennte Interferenzringe aufweist. Bei den Proben mit einem relativ scharfen Interferenzring (D 3) oder zwei weniger scharfen Interferenzen (B 1) hat die Intensität einen mittleren Wert. Interessant ist das Verhalten bei den aus Ameisensäurelösung hergestellten Proben. Hier hat die Extinktion ihren Maximalwert, wenn der innere Interferenzring (200) die größere Intensität hat (C 2, C 4). Im umgekehrten Fall (C 1, C 3) erreicht die Bandenextinktion nur etwa zwei Drittel dieses Wertes.

580 cm⁻¹. Die relative Bandenintensität für die einzelnen Proben ist sehr ähnlich wie bei der Bande 525 cm⁻¹. Bei den aus der Lösung erhaltenen Proben wird die größte Extinktion gemessen, die jedoch nicht von der relativen Intensität der Röntgeninterferenzen abhängt.

Über die Deutung dieser beiden Absorptionsbanden ist nur sehr wenig bekannt. Sie werden gewöhnlich unter der Bezeichnung Amidbande VI zusammengefaßt.

580 cm^{-1} wird der Deformationsschwingung „out-of-plane" der CO-Gruppe zugeschrieben [16], also einer Schaukelschwingung senkrecht zur Kettenebene, wofür auch der σ-Dichroismus dieser Bande bei orientierten Proben spricht. Die Bande 525 cm^{-1} kann der gleichen Deformationsschwingung zugeordnet werden. Sie hat noch stärkeren σ-Dichroismus. Ferner ist sie, wie oben gesagt wurde, mit der (200)-Interferenz verknüpft. Die Verstärkung der (200)-Interferenz kann auf eine größere Ausdehnung der Bereiche mit kristalliner Ordnung in der Ebene der Kohlenwasserstoffketten (Rostebene) zurückgeführt werden.

630 cm^{-1}. Diese Bande erscheint meist nur als Schulter der Absorption bei 580 cm^{-1} und ist deshalb schwer vermeßbar. Sie hat größte Intensität bei den Proben mit niedrigem Ordnungsgrad. Sie kann als CO-Deformationsschwingung in den ungeordneten Bereichen bzw. in den Bereichen mit smektisch-hexagonaler Struktur gedeutet werden.

690 cm^{-1}, *700 cm*$^{-1}$. Das Absorptionsmaximum der Amidbande V, einer NH-Deformationsschwingung, liegt in schlecht geordneten Proben bei etwas höherer Frequenz als in Proben mit gutem Ordnungszustand. Unsere Proben hatten eine für diese Bande zu große Schichtdicke, wodurch die in Tabelle 2 eingetragenen Werte sehr ungenau sind.

835 cm^{-1}, *933 cm*$^{-1}$. Der Intensitätsverlauf dieser Banden ist bei den einzelnen Proben sehr ähnlich: hohe Extinktion bei den Lösungsfolien und mittlere Extinktion bei den ebenfalls gut geordneten Proben B 1 und D 2. Der Vergleich mit den Röntgendiagrammen zeigt, daß der Ordnungszustand von diesen beiden Absorptionsbanden gut widergespiegelt wird.

963 cm^{-1}. Diese Bande ist eng verknüpft mit der monoklinen Modifikation. Bei allen Proben, die nicht zwei deutliche Röntgeninterferenzen aufweisen, beträgt die Extinktion weniger als 10% des bei der Probe C 2 erreichten Maximalwertes. Ähnlich wie bei 525 cm^{-1} ist die Extinktion merklich kleiner, wenn der innere Interferenzring schwächer ist als der äußere. Die Parallelität zu den entsprechenden Röntgenbildern kommt hier noch klarer zum Ausdruck (Bild 3). Die Deutung dieser Erscheinung ist ähnlich wie bei der Bande 525 cm^{-1} vorzunehmen. Die Extinktion bei 963 cm^{-1} hängt nicht nur vom Vorhandensein der monoklinen Modifikation ab, sondern speziell von der Ausdehnung der geordneten Bereiche in der Rostebenenrichtung.

980 cm^{-1}. Diese Bande tritt bei den aus einer Lösung gezogenen Proben mit sehr hohem Ordnungsgrad nicht auf bzw. ist nur als Schulter angedeutet. Sie ist sehr schwach bei der in Wasser gekochten Probe D 2, die ebenfalls einen hohen Ordnungsgrad hat. Dagegen hat sie bei der Probe B 1 einen verhältnismäßig hohen Wert, obwohl das auf Grund des Röntgenbildes nicht zu erwarten war. Für quantitative Messungen eignet sich diese Bande nicht gut, da im gleichen Bereich das monomere Lactam absorbiert und eine weitere Bande bei 990 cm^{-1} liegt, die teils der amorphen Struktur [26, 27] und teils der smektisch-hexagonalen Anordnung [23, 40] zugeschrieben wird. Wir fanden bei allen Proben, außer bei den Lösungsfolien, eine schwache Schulter bei 990 cm^{-1}, die oft nur als geringe Verbreiterung der Bande 980 cm^{-1} auftritt. Die Absorption bei 990 cm^{-1} ist um so deutlicher, je verwaschener die Röntgeninterferenz ist. Insgesamt lassen unsere Ergebnisse den Schluß zu, daß die Absorption bei 980 cm^{-1} vorwiegend von der smektisch-hexagonalen Anordnung verursacht wird, während die amorphe bzw. nematische Phase bei 990 cm^{-1} absorbieren.

1030 cm^{-1}. Die geringe Intensität der Bande bei 1030 cm^{-1} erschwert die quantitative Auswertung, doch ist eine deutliche Parallelität zur Intensität der Bande 963 cm^{-1} unverkennbar.

Die Zuordnung der Absorptionsbanden zwischen 900 cm^{-1} und 1050 cm^{-1} ist schwierig. Es handelt sich um Gerüstschwingungen, an denen mehrere Atome, insbesondere die CONH-Gruppe, beteiligt sind. *Sandeman* und *Keller* [23] ordnen 933 cm^{-1}, 963 cm^{-1} und 1030 cm^{-1} der CONH-Deformationsschwingung „in plane" zu. Es ist möglich, daß es sich bei allen drei Banden um die gleiche Schwingung handelt, deren Frequenz durch Kopplung in Richtung der drei Kristallitachsen aufgespalten ist. Wir werden darüber in einer weiteren Arbeit über dichroitische Untersuchungen berichten [41].

1175 cm^{-1}. Die Extinktion dieser Bande weist keine so starken Schwankungen auf wie die bisher betrachteten Banden. Der kleinste Wert beträgt immer noch 60% des Maximalwertes. Die Analogie zu den Röntgenbildern ist ebenfalls weniger augenfällig. Insgesamt erkennt man, daß bei Proben mit niedrigem Ordnungsgrad (A 3, B 2, B 3) die Extinktion größer ist als bei hohem Ordnungsgrad (A 1, B 1, C 2, C 3). Die Bande wird einer Deformationsschwingung der CH_2-Gruppe zugeordnet, nach *Heidemann* und *Zahn* [42] der N-vicinalen CH_2-Gruppe.

1205 cm^{-1}. Diese Bande verhält sich umgekehrt wie 1175 cm^{-1}. Die Extinktionsschwankungen sind größer. Sie wird ebenfalls einer CH_2-Deformationsschwingung zugeordnet, nach [42] der CO-vicinalen CH_2-Gruppe.

Das Bandenpaar 1175 cm^{-1} und 1205 cm^{-1} wurde von *Schneider* u. Mitarb. zur Bestimmung der Anteile einer Konformation *A* und einer Konformation *B* im Polycaprolactam benutzt [29, 30]. Dem stehen die von *Heidemann* und *Zahn* mitgeteilten Ergebnisse entgegen, welche die in Frage stehenden Banden zwei verschiedenen CH_2-Gruppen zuordnen. Es ist nicht einzusehen, weshalb eine CH_2-Gruppe nur in einer Konformation, die andere nur in der anderen Konformation ultrarotaktiv sein soll. Die Extinktionen können aber durch die Stellung der benachbarten CO- bzw. NH-Gruppe verstärkt oder geschwächt werden. Damit läßt sich die Ordnungsabhängigkeit der Banden erklären, ohne sie ausschließlich einer bestimmten Konformation zuzuordnen.

Tabelle 3 enthält die unter Zugrundelegung des Zweiphasenmodells aus den Gleichungen (5) berechneten Anteile an geordneter (A) und ungeordneter (B) Substanz. Da die errechneten Ordnungsgrade für verschiedene Banden keineswegs gleich sind, liegt sicher keine einfache Zweiphasenstruktur vor. Um die Werte richtig zu charakterisieren, bezeichnen wir sie mit „UR-Ordnungsgrad, berechnet aus der Extinktion bei σ_i und σ_j". In Spalte 3 stehen die Eichproben, die zur Berechnung der relativen Extinktionskoeffizienten α' herange-

Tabelle 3. UR-Ordnungsgrad, berechnet aus der Extinktion bei σ_i und σ_j

Wellenlänge σ [cm^{-1}]	Phase	Eichproben	α'	α'_A/α'_B	B 1	B 2	B 3	C 1	C 2	C 3	C 4	D 1	D 2	D 3
963	A	D 1, D 2	0,843	1,56	0,29	0,075	0,05	1,0	1,0	1,0	1,0	0	0,76	0,07
980	B		0,540		0,71	0,925	0,95	0,0	0,0	0,0	0,0	1,0	0,24	0,93
1030	A	D 1, D 2	0,341	0,547	0,44	0,215	0,20	1,0	1,0	1,0	1,0	0,13	0,79	0,29
980	B		0,623		0,56	0,785	0,80	0,0	0,0	0,0	0,0	0,87	0,21	0,71
933	A	D 1, D 2	0,657	0,902	0,49	0,10	0,06	1,0	1,0	1,0	1,0	0,26	0,82	0,31
980	B		0,728		0,51	0,90	0,94	0,0	0,0	0,0	0,0	0,74	0,18	0,69
835	A	D 1, D 2	0,232	0,244	0,54	0,24	0,08	1,0	1,0	1,0	1,0	0,42	0,86	0,49
980	B		0,950		0,46	0,76	0,92	0,0	0,0	0,0	0,0	0,58	0,14	0,51
1205	A	B 1, B 3	8,69	2,86	0,31	0,14	0,07	0,50	0,47	0,56				
1175	B		3,04		0,69	0,86	0,93	0,50	0,53	0,44				

zogen wurden. Mit anderen Eichproben erhält man für α' etwas abweichende Werte. Deshalb haben die Ergebnisse in Tabelle 3 nur relative Bedeutung.

Aus dem Bandenpaar 980 cm^{-1} und 963 cm^{-1} erhält man den kleinsten Wert für den Ordnungsgrad; setzt man die Extinktion bei 980 cm^{-1} in Beziehung zu den Extinktionen bei 1030 cm^{-1}, 933 cm^{-1} und 835 cm^{-1}, so errechnet man einen in dieser Reihenfolge zunehmend größeren Anteil an geordneter Substanz. Bei 963 cm^{-1} absorbieren also nur Bereiche mit höchstem Ordnungszustand, von den Banden 1030 cm^{-1}, 933 cm^{-1} und 835 cm^{-1} werden zusätzlich Bereiche mit schlechterem Ordnungszustand erfaßt und zum geordneten Anteil gerechnet.

Aus diesen Ergebnissen können wir ableiten, daß man für Polycaprolactam aus den UR-Spektren nicht nur einen Ordnungsgrad ablesen kann, sondern ein ganzes „Ordnungsspektrum". Das kommt besonders in den in Bild 6 dargestellten Säulendiagrammen zum Ausdruck.

Die Proben D 1 und D 3 haben etwa gleichen Ordnungsgrad für die Bande 835 cm^{-1}. Die Absorption bei 963 cm^{-1} und 1030 cm^{-1} zeigt aber, daß bei Probe D 3 mehr Substanz in einem besser geordneten Zustand vorliegt.

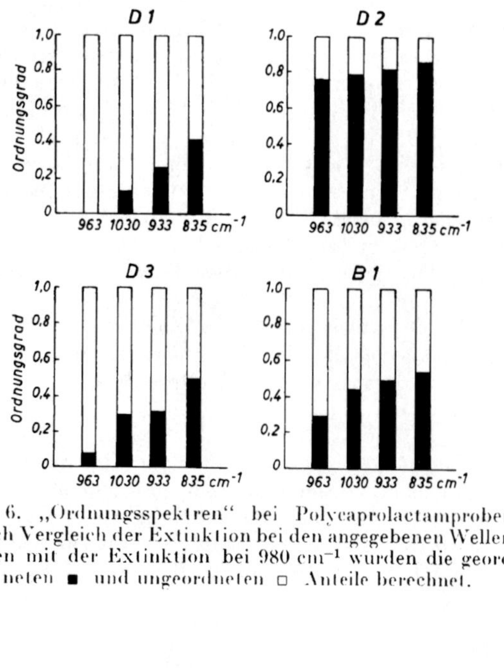

Bild 6. „Ordnungsspektren" bei Polycaprolactamproben. Durch Vergleich der Extinktion bei den angegebenen Wellenzahlen mit der Extinktion bei 980 cm^{-1} wurden die geordneten ■ und ungeordneten □ Anteile berechnet.

Bei Probe D 2 nimmt der errechnete geordnete Anteil in der Reihenfolge 963 cm^{-1}, 1030 cm^{-1}, 933 cm^{-1} und 835 cm^{-1} nur wenig zu. Die Hauptmenge des geordneten Anteils liegt also im höchsten Ordnungszustand vor. Das gleiche gilt für die aus der Lösung erhaltenen Proben C 1 bis C 4. Hier ist die Absorption bei 980 cm^{-1} für die quantitative Auswertung zu klein. Daraus kann nicht geschlossen werden, daß eine vollständig geordnete Substanz vorliegt. Der Ordnungszustand ist jedoch höher als bei allen anderen Proben.

Spektroskopisch findet man den niedrigsten Ordnungszustand bei den abgeschreckten Schmelzen B 2 und B 3. Auf Grund des Röntgendiagramms war für die Probe D 1 ein gleicher oder niedrigerer Ordnungsgrad zu erwarten. Der gegenteilige spektroskopische Befund zeigt, daß in dieser Probe geordnete Elemente vorliegen, die zu klein sind, um im Röntgenbild in Erscheinung zu treten.

2.4 *Meßgenauigkeit*

Die Genauigkeit der den obigen Betrachtungen zugrunde liegenden Meßwerte in Tabelle 2 ist nicht sehr groß. Da es nicht möglich war, die Schichtdicke so zu variieren, daß immer im für quantitative Messungen günstigen Extinktionsbereich gearbeitet werden konnte, muß man bei schwächeren Absorptionsbanden mit einem mittleren Meßfehler von $\pm$ 10% rechnen. Bei den stärkeren Banden ist der Fehler geringer. Die besonders unsicheren Werte wurden in Klammern gesetzt. Außerdem können die Ergebnisse noch einen systematischen Fehler enthalten, wenn die als innerer Standard benutzte Bande 1125 cm^{-1} nicht vollständig unabhängig vom Ordnungszustand ist.

3 *Zusammenfassung*

Eine kritische Literaturübersicht zeigt, daß die aus dem UR-Spektrum von Polycaprolactam ersichtlichen Informationen über den Ordnungszustand bisher nicht vollständig erschöpft wurden. Über die Deutung der strukturabhängigen Banden bestehen keine einheitlichen Auffassungen.

Wir haben eine Anzahl auf verschiedenen Wegen hergestellter Polycaprolactamproben mit sehr unterschiedlichem Ordnungszustand röntgenographisch und UR-spektroskopisch untersucht. Fast alle Absorptionsbanden hängen mehr oder weniger vom Ordnungszustand ab. Durch Vergleich je einer Ordnungs- und Unordnungsbande kann unter Zugrundelegung eines Zweiphasenmodells ein Ordnungsgrad berechnet werden. Das Ergebnis hängt davon ab, welches

Bandenpaar gewählt wurde. Die einzelnen Banden sprechen verschieden stark auf den Ordnungszustand an, so daß man mit den nach mehreren Banden berechneten Ordnungsgraden eine Art „Ordnungsspektrum" aufstellen kann.

Bei aus einer Lösung erhaltenen oder gut getemperten Proben, deren hoher Ordnungszustand an zwei scharfen Interferenzen im Röntgendiagramm ersichtlich ist, errechnet man nach den Banden 963 cm^{-1}, 1030 cm^{-1}, 933 cm^{-1} und 835 cm^{-1} nahezu den gleichen Ordnungsgrad. Hier scheint das Zweiphasenmodell von der Realität nicht sehr abzuweichen. Bei abgeschreckten oder weniger gut getemperten Proben mißt man mit den genannten Banden in der angegebenen Reihenfolge einen zunehmenden Ordnungsgrad. Die Substanz liegt also teilweise in mittlerem Ordnungszustand vor, auf den die Bande 835 cm^{-1}, aber nicht die Bande 963 cm^{-1} anspricht.

Eine quantitative Zuordnung von röntgenographischen und ultrarot-spektroskopischen Werten konnte nicht erfolgen. Das ist jedoch leicht einzusehen, da die Methoden auf voneinander verschiedene Faktoren ansprechen.

Literatur

[1] *Ruscher, Ch., Gröbe, V.*, und *Versäumer, H.*, Über die Feinstruktur der Polyamide. III. Der Einfluß von Flüssigkeitsbädern auf die Struktur und die Eigenschaften verschieden gesponnener Borsten und Fäden aus Polycaprolactam. Faserforsch. u. Textiltechn. **12** (1961) 5, S. 214—222.

[2] *Ruscher, Ch.*, Zur Bestimmung des Ordnungsgrades in Hochpolymeren (Vortragsreferat), Z. Chemie **3** (1963) 3, S. 118; Die Feinstruktur von Hochpolymeren und ihre Bestimmbarkeit (Vortragsreferat), Faserforsch. u. Textiltechnik **14** (1963) 7, S. 297. Eine ausführliche Mitteilung erscheint in dieser Zeitschrift später.

[3] *Bellamy, L. J.*, The infrared spectra of complex molecules. London 1960.

[4] *Michajlov, N. V., Šigorin, D. N.*, und *Makareva, S. P.*, Untersuchung der physikalischen Struktur synthetischer Polyamide nach der Methode der Schwingungsspektren. Dokl. Akad. Nauk SSSR (Ber. Akad. Wiss. UdSSR) **87** (1952) S. 1009—1012.

[5] *Šigorin, D. N., Michajlov, N. V.*, und *Makareva, S. P.*, Untersuchung der physikalischen Struktur synthetischer Polyamide nach der Methode der infraroten Absorptionsspektren. Dokl. Akad. Nauk SSSR (Ber. Akad. Wiss. UdSSR) **94** (1954) S. 717—720.

[6] *Šigorin, D. N., Michajlov, N. V.*, und *Makareva, S. P.*, Untersuchung der physikalischen Struktur synthetischer Polyamide nach der Methode der infraroten Absorptionsspektren. Dokl. Akad. Nauk SSSR (Ber. Akad. Wiss. UdSSR) **97** (1954) S. 711—714.

[7] *Nikitin, V. N.*, Über die Wasserstoffbindung in ε-Caprolactam und Polycaprolactam. Izv. Akad. Nauk SSSR, Otd. chim. Nauk (Nachr. Akad. Wiss. UdSSR, Abt. chem. Wiss.) (1956) S. 92—97.

[8] *Nikitin, V. N.*, und *Volček, B. Z.*, Über das spektroskopische Auftreten der Wasserstoffbindung im Polyamid. Vysokomol. Soed. (Hochmol. Verbind.) **2** (1960) S. 1015 bis 1019.

[9] *Hemmer, E. A.*, Infrarotspektroskopische Untersuchungen an Polyurethanen. Diss. Aachen 1960.

[10] *Tobin, M. C.*, und *Carrano, M. J.*, Infrared spectra of polymers. I. Effect of crystallinity on the infrared spectrum of polyethylene and on the infrared spectra of Nylon 6 and Nylon 11. J. chem. Physics **25** (1956) S. 1044—1052.

[11] *Cannon, C. G.*, The interactions and structure of the —CONH-group in amides and polyamides. Microchim. Acta (1955) S. 555—588.

[12] *Cannon, C. G.*, The infrared spectra and molecular configurations of polyamides. Spectrochim. Acta **16** (1960) S. 302—319.

[13] *Elliott, A., Ambrose, E. J.*, und *Temple, R. B.*, Polarized infrared radiation as an aid to the structural analysis of long-chain polymers. I. J. chem. Physics **16** (1948) S. 877—886.

[14] *Herzberg, G.*, Infrared and Raman Spectra. New York 1959, S. 265.

[15] *Čirgadze, Ju. N.*, Analyse der Schwingungen der Peptidgruppe. Biofizika **7** (1962) S. 523—528.

[16] *Heidemann, G.*, Über die IR-Absorption der sekundären trans-Amidgruppe im Zusammenhang mit der Struktur von Faserproteinen Diss. Aachen. 1961.

[17] *Ging, K.*, und *Wood, F.*, Infrared extinction coefficients for amorphous and crystalline nylon. Nature, London **195** (1962) S. 1093—1094.

[18] *Wood, F.*, und *King, G.*, An infrared spectroscopic investigation of the NHCO-group in Keratin, Silk and Nylon. J. Textile Inst. **54** (1963) S. T111—T122.

[19] *Trifan, D. S.*, und *Terenzi, J. F.*, Extends of hydrogen bonding in polyamids and polyurethanes. J. Polymer Sci. **28** (1958) S. 443—445.

[20] *Miyazawa, T.*, und *Blout, E. R.*, The infrared spectra of polypeptides in various konformations: Amid I and II bands. J. amer. chem. Soc. **83** (1962) S. 712—719.

[21] *Hendus, H.*, und *Schnell, G.*, Röntgenographische und IR-spektroskopische Kristallinitätsbestimmung an Polyäthylen. Kunststoffe **51** (1961) S. 69—74.

[22] *Zachmann, H. G.*, und *Stuart, H. A.*, Über die Intensitätsabhängigkeit der Ultrarotbanden von der Temperatur und vom Kristallisationsgrad. Makromol. Chemie **44/46** (1961) S. 622—642.

[23] *Sandeman, I.*, und *Keller, A.*, Crystallinity studies of polyamides by infrared, specific volume and X-ray methods. J. Polymer. Sci. **19** (1956) S. 401—435.

[24] *Starkweather, H. W.*, und *Moynihan, R. E.*, Density, infrared absorption, and crystallinity in 66 and 6.10 Nylons. J. Polymer Sci. **22** (1956) S. 363—368.

[25] *Nichols, J. B.*, X-ray and infrared studies on the extent of crystallization of polymers. J. appl. Phys. **25** (1954) S. 840—847.

[26] *Jambrich, M.*, und *Diačik, I.*, Einfluß von Wärme sowie einseitig gerichteter Deformation auf einige Strukturänderungen von Polycaproamid, beobachtet mit Hilfe der IR-Absorptionsspektroskopie. Chem. Zvesti **15** (1961) S. 197—212.

[27] *Diačik, I.*, und *Jambrich, M.*, Untersuchung der Strukturänderungen von Polycaproamidfasern durch Anwendung der Infrarotabsorptionspektroskopie. Chem. Zvesti **15** (1961) S. 902—908.

[28] *Jambrich, M.*, und *Diačik, I.*, Beitrag zum Studium der Strukturveränderungen von Polycaproamidfasern bei Deformationen in der Faserlängsrichtung. Faserforsch. u. Textiltechnik **13** (1962) S. 405—414.

[29] *Schneider, B., Schmidt, P.*, und *Wichterle, O.*, On the structure and properties of Polyamides. I. Infrared spectra of polycaprolactam. Coll. Czech. chem. comm. **27** (1962) S. 1749—1759.

[30] *Doskočilová, D., Schneider, B.*, und *Šebenda, J.*, On the structure and properties of polyamides. II. Determination of crystallinity in polycaprolactam blocks by infrared absorption. Coll. Czech. chem. comm. **27** (1962) S. 1760—1769.

[31] *Doskočilová, D.*, und *Schneider, B.*, On the structure and properties of polyamides. III. Infrared spectra of complexes of N-alkylamides with KJ_3. Coll. Czech. chem. comm. **27** (1962) S. 2605—2615.

[32] *Doskočilová, D., Schneider, B.*, und *Čefelin, P.*, On the structure and properties of polyamides. V. Infrared spectra and crystallinity of copolymers of caprolactam with γ-Methylcaprolactam. Coll. Czech. chem. comm. **28** (1963) S. 2556—2562.

[33] *Schmidt, P.*, und *Schneider, B.*, On the structure and properties of polyamides.. VI. The infrared spectra of deuterated polycaprolactam. Coll. Czech. chem. comm. **28** (1963) S. 2685—2695.

[34] *Holmes, D. R., Bunn, W.*, und *Smith, D. J.*, The crystal structure of polycaproamide: Nylon 6. J. Polymer Sci. **17** (1955) S. 159—177.

[35] *Kinoshita, Y.*, An investigation of the structures of polyamide series. Makromol. Chemie **33** (1959) S. 1—20.

[36] *Kawaguchi, Y., Yoshizaki, O.*, und *Nagai, E.*, Studies on the crystal modification of Nylon. 6. II. Infrared absorption studies on the crystal structures of Nylon 6 films cast from acid aqueous solution. Chem. high. Polymers, Tokyo **20** (1963) S. 337—342.

[37] *Novak, I. I.*, Bestimmung des Kristallisationsgrades des Kaprons mit Hilfe der Infrarot-Spektroskopie. Vysokomol. Soed. (Hochmol. Verbind.) **5** (1963) 11, S. 1645 bis 1652.
[38] *Brügel, W.*, Einführung in die Ultrarotspektroskopie. Darmstadt 1954.
[39] *Lukasiewicz-Ziakowska, Z.*, Zur quantitativen infrarotspektroskopischen Analyse von Mehrkomponentensystemen. Jenaer Rdsch. **9** (1964) S. 71–77.
[40] *Ziabicki, A.*, Über die mesomorphe β-Form von Polycaproamid und ihre Umwandlung in die kristalline Form α. Kolloid-Z. **167** (1959) S. 132–141.
[41] *Dechant, J.*, und *Ruscher, Ch.*, Über die Feinstruktur der Polyamide. V. Faserforsch. u. Textiltechnik (im Druck).
[42] *Heidemann, G.*, und *Zahn, H.*, Beitrag zur Deutung des Infrarotspektrums von Nylon 6.6. Makromol. Chemie **62** (1963) S. 123–133.

Eingegangen am 26. Juni 1964

Über eine digitale Meßmethode zur Bestimmung der Schützengeschwindigkeit beim Weben

Siegfried Wetzel und Heinz Pohland

Mitteilung aus dem Institut für Textilmaschinenkonstruktion und Technologie der Faserstoffe der Technischen Hochschule Karl-Marx-Stadt (Direktor: Prof. Dipl.-Ing. H. Neumann)

DK 677.024:677.054.724:677.058.4

Eine Meßeinrichtung zur Bestimmung der Schützengeschwindigkeit beim Weben wird beschrieben, bei der mit Hilfe eines elektrischen Gebers eine digitale Meßwerterfassung vorgenommen wird. Der Geber besteht aus einem Magneten, der in den Schützen eingelassen ist, und aus einer Leiterschleife, die längs der Ladenbahn angebracht ist. Damit ist es möglich, die Geschwindigkeit über den gesamten Schützenweg sowie bei normalem Schußeintrag zu messen.

О дигитальном измерительном методе определения скорости полета челнока в ткацком процессе

Описывается измерительное устройство для определения скорости полета челнока в ткацком процессе, причем дигитальное измерение соответствующих величин производится при помощи электрического датчика. Последний состоит из магнита, помещенного в челнок, и петли проводника, установленной в направлении склиза батана. Это дает возможность измерять скорость полета челнока на всем его пути при нормальном введении утка.

A Digital Measuring Method for the Determination of the Shuttle Speed in Weaving

A measuring device for the determination of the shuttle speed in weaving is described, in which a digital data generation is performed by an electrical data general unit consisting of a magnet encased in the shuttle and a conductor loop mounted along the batten path. This offers the possibility to measure the speed along the whole course of the shuttle as well as at normal picking.

1 Einleitung

Beim Webprozeß stellt der Schußeintrag, maschinell gesehen, den schwierigsten Teil des Vorganges. dar. Das liegt einerseits daran, daß bei den üblichen Konstruktionen der Schußfaden mit Hilfe eines nur unvollständig geführten Projektils, des Webschützens, in das Webfach eingetragen wird. Anderseits ist dabei der Zeitraum, in dem sich der Schützen bewegt, sehr kurz, maximal nur einige Zehntelsekunden, so daß bei den normalen Webbreiten Durchlaufgeschwindigkeiten von ca. 10 bis 20 m/s erforderlich sind. Zudem muß dem Schützen diese Geschwindigkeit innerhalb weniger Hundertstelsekunden erteilt und nach dem Fachdurchlauf wieder entzogen werden, was zu hohen Beschleunigungs- und Verzögerungswerten von etwa 500 bis 1500 m/s² führt, wodurch bei Schützenmassen von ca. 0,5 bis 1 kg entsprechend hohe Kräfte auftreten.

Diese Eigenheiten der Webschützenbewegung sind daher sowohl für die Konstruktion als auch im technologischen Einsatz ein Haupthindernis für eine weitere Leistungssteigerung der Webmaschinen [4].

Eine Fortentwicklung bedingt vor allem eine genaue Kenntnis der bei der Schützenbewegung tatsächlich auftretenden kinematischen und dynamischen Verhältnisse, die nur durch Messungen zu erhalten ist. Infolge der besonderen technologischen und baulichen Verhältnisse im Webfach und in den Schützenkästen ist es aber sehr schwierig, die Schützenbewegung, und insbesondere die Schützengeschwindigkeit, zu messen, was sich darin zeigt, daß bis heute noch keine voll befriedigende Meßeinrichtung bekannt geworden ist, obwohl Versuche dieser Art schon seit langem unternommen werden (vgl. Zusammenstellungen in [2] und [6]).

Die bekannten elektrischen Verfahren erfassen die Schützengeschwindigkeit fast ausschließlich mit Digitalwert-Verfahren und benutzen in der Hauptsache das induktive Prinzip [1, 3, 8] oder das elektrooptische [5].

Die Nachteile dieser Meßeinrichtungen bestehen entweder in zu geringem Auflösungsvermögen bzw. zu geringer Genauigkeit, in zu groben Eingriffen in die Maschine, darin, daß nur Teilabschnitte des Bewegungsvorganges erfaßt werden können oder daß infolge Verwendung spezieller Meßschützenkonstruktionen der normale Schußeintrag beim Weben nicht mehr möglich ist.

Die sehr unterschiedlichen Mängel lassen deutlich die Schwierigkeiten erkennen, eine Lösung zu finden, die allen Forderungen gerecht wird.

Nachstehend wird über eine Meßeinrichtung berichtet, mit der die Schützengeschwindigkeit bei hohem Auflösungsvermögen längs des gesamten Schützenweges bei normalem Schußeintrag gemessen werden kann.

2 Aufbau der Meßeinrichtung

2.1 Meßprinzip

Die gesamte Meßeinrichtung besteht aus einem elektrischen Meßgeber, in dem Meßimpulse längs der Schützenbahn erzeugt werden, aus einem Verstärker und aus einem Schleifenoszillographen. Mit letzterem wird gleichzeitig mit der Meßfrequenz eine Zeitmarke von höherer Frequenz aufgezeichnet, gegen die die Meßimpulse ausgemessen werden.

Wenn die Streckenteilungen der Impulserzeuger genau gleich groß sind, so sind die ausgemessenen Abstände

Bild 1. Meßgeber, bestehend aus einem in die Unterseite des Webschützens eingelassenen Magneten und aus einer auf der Ladenbahn angebrachten Leiterschleifen-Folie. Vorn auf der Ladenbahn die breitere Führungsfolie

der Meßimpulse umgekehrt proportional der Geschwindigkeit des Schützens. Es handelt sich dabei um ein typisches digitales Meßverfahren.

Bei dem Meßgeber wurde zur Erzeugung der Impulse nach einer konstruktionssystematischen Vorstudie 7 das induktive Prinzip zu Grunde gelegt. Es gestattet, im Gegensatz z. B. zum elektrooptischen, auch im Webfach zu messen und bot von Anfang an größere Aussichten, auch den normalen Schußeintrag mit Ablauf des Schußfadens bei der Messung durchzuführen.

Der Geber besteht aus einer bandförmigen Leiterschleife, die längs der gesamten Bewegungsbahn des Schützens angebracht wird, und aus einem Permanentmagneten, der in die untere Seite des Webschützens eingelassen ist, Bild 1. Da der Magnet sehr klein gehalten werden konnte, mit einer Masse von nur ca. 15 g gegenüber ca. 450 g des Webschützens mit Spule, beeinflußt er praktisch weder die dynamischen Verhältnisse des Webschützens noch die Aufnahme der Schußspule.

2.2 *Elektrischer und konstruktiver Aufbau des Gebers*

Für die Registrierung der elektrischen Meßimpulse ist eine genügend hohe Impulsspannung erforderlich, die unter Zwischenschaltung eines Verstärkers eine geeignete Meßschleife eines Schleifenoszillographen aussteuern kann. Das induktive Verfahren hat dabei den grundsätzlichen Nachteil, daß es geschwindigkeitsabhängige Impulsspannungen liefert. Da die Schützenbewegung aus der Ruhelage heraus erfolgt, können erst von einer Mindestgeschwindigkeit ab genügend hohe, registrierbare Impulsspannungen induziert werden. Die Umgebung des Geschwindigkeitsnullwertes ist daher nur bei hoher Empfindlichkeit des Gebers zu erfassen. Eine ähnliche Schwierigkeit besteht infolge Benutzung der digitalen Meßwerterfassung, da die Streckenteilung der Impulserzeuger nicht unendlich klein gehalten werden kann. Angestrebt wurde zunächst eine erfaßbare Mindestgeschwindigkeit von etwa 2 m/s mit einer Streckenteilung der Impulserzeuger von ca. 5 mm.

Die Impulsform der induzierten Spannung muß genügend scharf ausgebildet sein, damit für die Auswertung genau definierte Kurvenpunkte zur Verfügung stehen. Da die Impulse durch die Art ihrer Erzeugung sinusförmige Gestalt besitzen, sind hierfür nur die Schnittpunkte der Kurvenflanken mit der Nullachse geeignet, wobei eine genügend große Flankensteilheit erforderlich ist.

In Voruntersuchungen wurde zunächst geklärt, wie Leiterschleife und Magnet für diese Forderungen zu gestalten sind.

Zunächst zeigte sich, daß eine Schleife ohne magnetischen Rückschluß, etwa auf einen Kunststoffkern gewickelt, bei den vorhandenen Magneten keine genügend hohe Spannung ergab. Es wurde daher ein ferromagnetischer Grundkörper in Form eines Stahlbandes vorgesehen. Durch die Benutzung einer größeren Anzahl von Drähten in einem Leiter kann nach dem Induktionsgesetz eine entsprechende Spannungserhöhung bewirkt werden. Die dafür benutzte HF-Litze, deren Einzeldrähte hintereinander geschaltet waren, besaß aber eine zu geringe mechanische Festigkeit, so daß Drahtbrüche an Einzeldrähten zu häufigen Störungen führten. Für die Endausführung wurde daher ein Volldrahtleiter benutzt.

Weiter wurden die Möglichkeiten der Ausbildung und des Zusammenwirkens von Magnet und Leiterschleife untersucht, wobei eine besondere Einrichtung benutzt wurde, die aus einem Elektromotor mit einem auf die Welle aufgesetztem Arm als Magnetträger sowie aus einem ringförmigen Körper für die Aufnahme der Leiterschleife bestand.

Der Magnet läßt sich einpolig wirksam oder zweipolig wirksam verwenden.

Die Leiterschleife läßt sich in der Zusammenschaltung der einzelnen Leiter im Abstand der Streckenteilung so schalten, daß ein Magnetpol in jedem zeitlich folgenden Leiter die gleiche oder die entgegengesetzte Spannungsrichtung bewirkt.

Auf Grund der Ergebnisse der Voruntersuchungen, bei denen auch die Streuwirkung des Magnetfeldes, die minimale Streckenteilung und die zur Verfügung stehenden Magnetwertstoffe von Einfluß waren, wurde ein zweipolig wirksamer Magnet mit einer Leiterschleifenschaltung benutzt, bei der entgegengesetzt gerichtete Folgespannungen erzeugt werden. Geeignete Ausbildungen einer solchen Leiterschleife zeigt Bild 2.

In der Endausführung wurde die Magnetausbildung insofern variiert, als zwei Magnete derart zusammengepreßt wurden, daß nach Bild 3a zwei gleichnamige Pole zusammenstoßen. Es entsteht dadurch ein starkes Mittelfeld mit zwei schwachen Randfeldern, die in einem Leiter entsprechende Induktionsspannungen induzieren, Bild 3b. Beim Wandern der Magnete mit dem Schützen längs der Leiterscheife, für die eine Aus-

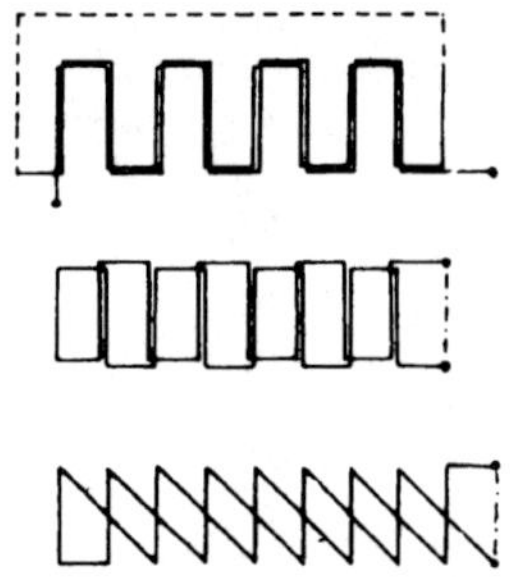

Bild 2. Varianten für die Ausbildung der Leiterschleifen-Wicklung für entgegengesetzt gerichtete Folgespannungen

führung nach Bild 2c benutzt wurde, entstehen Einzelspannungen gemäß Bild 3c, die die resultierenden Spannungsimpulse des Gebers gemäß Bild 3d ergeben.

Diese Anordnung besitzt auch den Vorteil, daß dabei die Fehlerauswirkungen durch unterschiedliche Leiterschleifenabstände verringert werden.

Die konstruktive Ausbildung des Meßschützens zeigt Bild 1. Der aus zwei Einzelmagneten bestehende Sintermagnet ist in eine Kupferfassung eingepreßt und im Schützen festgeleimt. Der Innenraum des Schützens für die Aufnahme der Schußspule bleibt unbeeinflußt.

Für die praktische Gestaltung der Leiterschleife war von der Form her die Breite durch den zu untersuchenden Webstuhl (BW-Automat TES 4200) bestimmt. Infolge des hier vorhandenen Unterschlages, bei dem der Schlagstock in einem Längsschlitz in der Mitte des Schützenkastenbodens läuft, mußte die Schleife so schmal ausgeführt werden, daß sie seitlich des Schlitzes in dem Kastenboden Platz fand.

Der benutzte Leiterschleifenkörper besteht nach Bild 4 aus einem Stahlband 1, auf das eine Kunststoffolie 2 aufgebracht ist. Auf diesen Körper sind die Drähte 3 der Leiterschleife gewickelt. Die Drähte werden durch die Gummierung der folgenden Gewebeschicht 4 gehalten. Auf das Gewebe ist eine Schicht 5 aus Duosanrapid zur Oberflächenglättung und Verfestigung aufgetragen. Die Gesamtstärke der Meßfolie beträgt etwa 1,5 bis 2 mm.

Da die Folie nur etwa 14 mm breit ist, der Schützen dagegen in seiner Lauffläche etwa 50 mm, muß eine zusätzliche Führungsfolie auf der Ladenbahn angebracht werden, Bild 1.

Wesentlich für die Meßgenauigkeit der Schützengeschwindigkeit ist die Genauigkeit der Leiterschleifenabstände. Letztere wurden unter dem Mikroskop für die Wicklung vorgeteilt und vorgekerbt. Kontrollmessungen ergaben für 10% der Werte einen durchschnittlichen Teilungsfehler von etwa 5%, für die restlichen Messungen weniger.

Die induzierten Spannungen sind zu gering, um eine Meßschleife eines Oszillographen aussteuern zu können. Für eine Magnetgeschwindigkeit von 1 m/s betrug die Impulsspannung etwa 0,3 mV. Daher wurde ein dreistufiger Wechselstromverstärker gebaut, mit dem eine

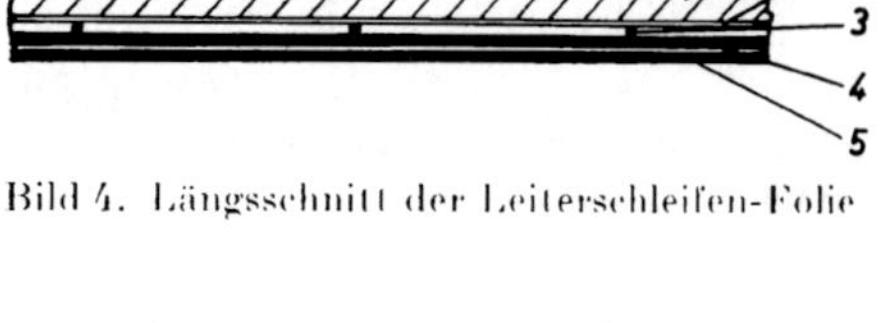

Bild 4. Längsschnitt der Leiterschleifen-Folie

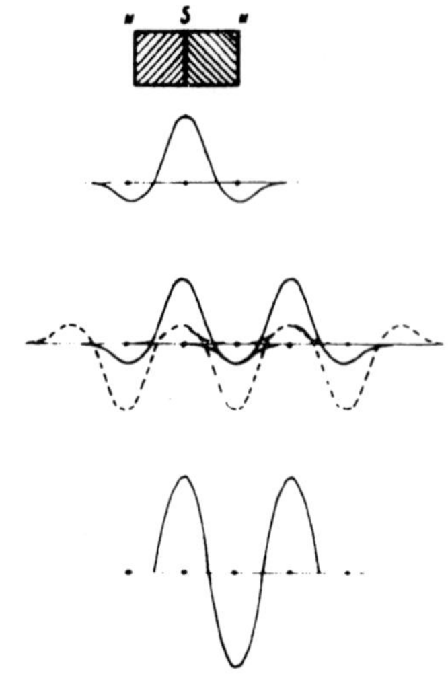

Bild 3. Zusammenwirken von Magneten und Leiterschleife:
a) aus zwei Einzelmagneten an gleichnamigen Polen zusammengesetzter Magnet
b) induzierte Spannung in einem Leiter
c) und d) zeitliche Ausbildung der Impulsspannungen beim Wandern des Magneten längs der Leiterschleife

Meßschleife vom Typ MSA 1 eines Achtschleifen-Oszillographen ausgesteuert werden konnte. Das Gerät wurde, entsprechend einem Bereich der Schützengeschwindigkeit von $v_{sch} = 1$ m/s bis 20 m/s, für einen Frequenzbereich von $f = 100$ bis 2000 Hz ausgelegt, der sich aus $f = \frac{v_{sch}}{2 \cdot a}$, bei benutztem Leiterabstand $a = 5$ mm, ergibt. Auf die Wiedergabe eines Schaltbildes wird verzichtet.

3 *Meßergebnisse*

Bild 5 zeigt ein Oszillogramm, das mit der Meßeinrichtung an einem BW-Automaten TES 4200 erhalten wurde. Es handelt sich um eine Aufnahme, die mit einer kleinen Papiergeschwindigkeit aufgenommen wurde, damit der gesamte Bewegungsablauf fotografisch wiedergegeben werden kann. Im Oszillogramm sind die einzelnen Impulse, deren Abstände umgekehrt proportional der Schützengeschwindigkeit sind, deutlich zu erkennen.

Die für die Geschwindigkeitsmessung uninteressanten Impuls-Amplituden zeigen bei der Bewegung des Schützens aus der Ruhelage und in diese hinein die erwähnte Geschwindigkeitsabhängigkeit.

Darüber überlagert und besonders im Abschnitt des freien Fluges des Schützen durch sehr starke Absenkungen sichtbar, sind Schwankungen der Amplituden, die durch einen wechselnden Abstand des Schützens bzw. Magneten von der Leiterfolie bedingt sind.

Die Hüllkurve der Amplituden bietet also unter Berücksichtigung der Geschwindigkeitsabhängigkeit die Möglichkeit, die Flugstabilität des Schützens zu beurteilen.

Die für die Auswertung bestimmten Oszillogramme wurden mit einer Papiergeschwindigkeit von etwa $v_p = 20$ m/s aufgenommen, um bei hohen Impulsfrequenzen genügend große und damit auswertbare Impulsabstände zu erhalten. Im unteren Teil des Oszillogramms ist eine Zeitmarke mitregistriert.

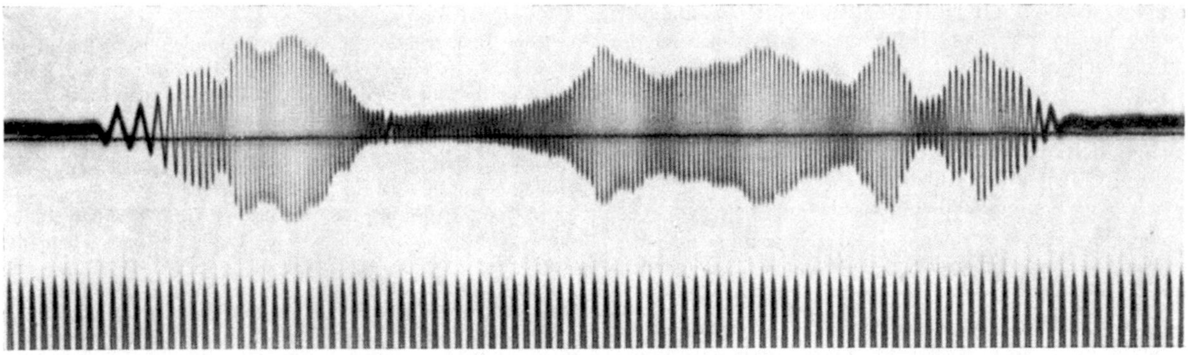

Bild 5. Oszillogramm der während einer Schützenbewegung induzierten Spannungsimpulse

Die benutzte Papiergeschwindigkeit ergibt sich aus der Länge c [mm] der Zeitmarke und aus deren Frequenz f [Hz] zu

$$v_p = c \cdot f \cdot 10^{-3} \quad [\mathrm{m/s}].$$

Die Schützengeschwindigkeit v_{sch} für die einzelnen Impulsintervalle berechnet sich aus dem Leiterschleifenabstand a [mm] der Folie und aus dem Abstand b [mm] der Meßimpulse bzw. deren Schnittpunkten mit der Nullinie im Oszillogramm zu

$$v_{sch} = \frac{a}{b} \cdot v_p \quad [\mathrm{m/s}].$$

Bei einer gesamten Länge der Leiterschleife in dem untersuchten Webstuhl von etwa 2 m ergeben sich bei einer benutzten Streckenteilung von $a = 5$ mm bei einem Schützenlauf fast 400 Impulse. Um den mit der Auswertung verbundenen hohen Aufwand herabzusetzen, ist es zweckmäßig, nur in den Bereichen starker Geschwindigkeitsänderung über jedes einzelne Impulsintervall auszuwerten, sonst aber zwei oder mehrere Impulsintervalle zugrunde zu legen.

Im Bild 6 sind die so bestimmten Geschwindigkeitswerte über den zugehörigen Intervallen, d. h. über dem Schützenweg aufgetragen. Dabei ist nur ein Ausschnitt aus der Gesamtbewegung, und zwar für den linken Schützenkasten, dargestellt. Die obere Kurve zeigt den Geschwindigkeitsverlauf beim Beschleunigen des Schützens, also beim Auslauf aus dem Kasten, die untere beim Verzögern, d. h. beim Einlauf. Die Kurven gelten für zwei aufeinanderfolgende Schüsse.

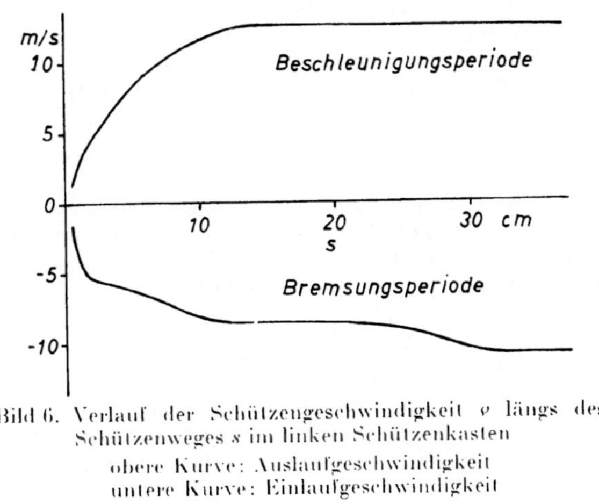

Bild 6. Verlauf der Schützengeschwindigkeit v längs des Schützenweges s im linken Schützenkasten
obere Kurve: Auslaufgeschwindigkeit
untere Kurve: Einlaufgeschwindigkeit

Man kann aus ihnen auf Einflüsse schließen, die sich längs des Schützenweges abspielen. So zeigt die obere Kurve, daß beim Ausfahren aus dem Kasten die Endgeschwindigkeit nach etwa 15 cm Schützenweg erreicht wird, die untere, daß beim Einlaufen bereits 30 cm vor Stillstand eine erste stärkere Verzögerung, bei etwa 10 cm vor der Endlage eine zweite und bei etwa 2 cm vor Stillstand die Hauptverzögerung auftritt. Das

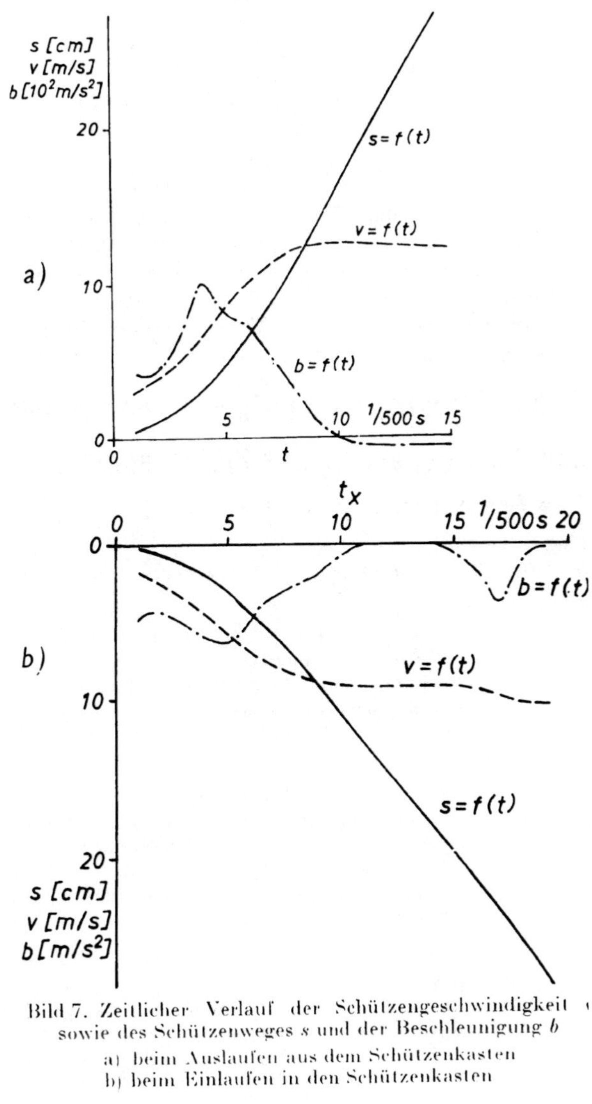

Bild 7. Zeitlicher Verlauf der Schützengeschwindigkeit v sowie des Schützenweges s und der Beschleunigung b
a) beim Auslaufen aus dem Schützenkasten
b) beim Einlaufen in den Schützenkasten

hängt natürlich mit der Arbeitsweise des Schlaggetriebes und der Schützenkastenbremse zusammen, auf die hier nicht weiter eingegangen werden soll.

Bild 7 zeigt die zugehörigen Geschwindigkeits-Zeit-Diagramme. (Dabei ist der Bremsvorgang im Bild 7b analog zu Bild 6 gleichfalls von rechts nach links dargestellt, wobei auf der Abszissenachse die Zeitabschnitte vor dem Bewegungsende aufgetragen sind.)

Die Diagramme enthalten die durch graphische Differentation und Integration gewonnenen Beschleunigungs- und Wegverläufe.

Beim Auslaufvorgang beträgt die maximale Beschleunigung etwa 1000 m/s², beim Schützeneinlauf die maximale Verzögerung etwa 800 m/s². Bei letzterem ist nochmals das ungenügende Arbeiten der Bremseinrichtung zu erkennen. Anstelle eines stetigen Abbremsens treten zwei Verzögerungsabschnitte auf, zwischen denen fast keine Bremswirkung vorhanden ist.

Es ist zu beachten, daß die Beschleunigungen bzw. Verzögerungen unmittelbar bei Bewegungsbeginn bzw. -ende, die besonders beim Bremsen sehr hohe Werte erreichen können, nicht erfaßbar sind, da der Geschwindigkeitswert im ersten gemessenen Intervall, d. h. nach einem Schützenweg von nur 5 mm, bereits ca. 2 m/s beträgt. In diesem Bewegungsbereich wäre eine kürzere Streckenteilung von 1 bis 2 mm angebracht, vorausgesetzt, daß die Geberempfindlichkeit so groß ist, daß die induzierten Impulse noch registrierbar und auswertbar sind.

Im ganzen gesehen dürfte die Besprechung der Meßergebnisse zeigen, daß die gebaute Meßeinrichtung eine einwandfrei deutbare und reproduzierbare Erfassung der Schützengeschwindigkeit und damit die Möglichkeit einer besseren Beurteilung des kinematischen und dynamischen Ablaufes der Schützenbewegung bietet.

4 *Zusammenfassung*

Eine Meßeinrichtung zur Bestimmung der Schützengeschwindigkeit beim Weben wird beschrieben, deren Geber aus einer Leiterschleifen-Folie besteht, die auf der Ladenbahn angebracht wird, sowie aus einem kleinen Permanent-Magneten, der in den Webschützen eingeleimt ist. Auf induktiver Basis werden bei einer digitalen Meßwerterfassung elektrische Impulse erzeugt, die mit einem Schleifenoszillographen registriert werden und die Geschwindigkeitswerte für die zugehörigen Impulsintervalle durch Ausmessen bestimmen lassen.

Das Verfahren gestattet, die Schützengeschwindigkeit sowohl in den Schützenkästen als auch im Webfach zu erfassen und ermöglicht bei der Messung den normalen technologischen Ablauf mit Eintrag des Schußfadens.

Literatur

[1] *Chochlov, V. D.*, Vorrichtung zum Bestimmen der Schützengeschwindigkeit auf dem Webstuhl. Tekstil. Prom., Moskva (Textil-Ind.) **15** (1955) 1, S. 29—31.

[2] *Frenzel, W.*, und *Miersch, S.*, Messungen und Untersuchungen am Webstuhl. Faserforsch. u. Textiltechn. 8 (1957) S. 504—520.

[3] *Gillanders, W. D.*, Eine neue Methode zum Studium der Schützenbewegung. Man-made Textiles **33** (1956) 387, S. 58—60.

[4] *Hollstein, H.*, Die Erhöhung der Schußleistung in der Weberei D. Textiltechnik **7** (1957) 2, S. 72—76.

[5] *Miersch, S.*, Prüfstand für Schlagmechanismen. Forschungsbericht Nr. 43 des Instituts für Textilmaschinen, Karl-Marx-Stadt 1959.

[6] *Perner, H.*, und *Faber, S.*, Neues Verfahren zur Ermittlung der Schützenbahnkurve am Webstuhl als Hilfsmittel zur objektiven Schlageinstellung. D. Textiltechnik **10** (1960) 1, S. 14—21.

[7] *Trommer, G.*, Messung der Schlagkraft. Großer Beleg, angefertigt am Institut für Textilmaschinenkonstruktion und Technologie der Faserstoffe der T.H. Karl-Marx-Stadt.

[8] *Wegmann, F.*, Ein Mittel zur genauen Erfassung der Flugbahn des Webschützens. Textil-Praxis **7** (1952) S. 286—290.

Eingegangen am 13. Mai 1964

Zum Knittererholungsverhalten von textilen Flächengebilden und zur Auswertung der Prüfergebnisse

II. Zur Auswertung der Prüfergebnisse[1])

Ludwig Vollrath
Deutsche Akademie der Wissenschaften zu Berlin, Institut für Technologie der Fasern in Dresden

DK 677.61:620.173.26:539.387.2:539.389.3

Es wird auf die Probleme bei der Auswertung der Ergebnisse der Knittererholungsprüfung eingegangen, eine Näherungsgleichung zur Beschreibung des Erholungsverlaufs angegeben sowie eine Veränderung der bisherigen Prüfweise von DIN 53890 vorgeschlagen, wodurch die Prüfungsdurchführung wesentlich rationeller wird. In Zusammenhang mit einer Gegenüberstellung der Prüfverfahren nach DIN, nach *Monsanto* und nach *Quehl* werden die Streuung und die Reproduzierbarkeit der Meßwerte besprochen.

К поведению текстильных плоских образований при восстановлении после сминания и к обработке полученных данных. II. Обработка полученных данных

С учетом проблематики обработки полученных данных при испытании текстильных материалов на способность к восстановлению формы после сминания приводится приближенное уравнение для описания процесса восстановления и предлагается изменение принятой методики испытания (ДИН 53890), которое повышает рациональность проведения испытаний. На основе сопоставления методов испытания по ДИН, Монсанто и Квелю рассматриваются пределы погрешности и воспроизводимость измеряемых величин.

The Wrinkle Recovery Behaviour of Textile Fabrics and the Evaluation of Test Results. II. The Evaluation of Test Results

The problems connected with the evaluation of the results of wrinkle recovery tests are outlined. An approximation formula describing the recovery behaviour is presented and a modification of the testing standard DIN 53890 is suggested in order to rationalize the testing program. Comparing the testing methods described in the DIN standard, by Monsanto and by Quehl, the variation and reproducibility of the results is discussed.

4 Zur Meßwertstreuung und Reproduzierbarkeit bei der Knittererholungsprüfung

Stehen mehrere Möglichkeiten zur Prüfung eines Merkmals zur Wahl, so wird man nach einer kritischen Beurteilung der Vorteile und auch der Schwächen der betreffenden Prüfverfahren, die zu objektiven Beeinträchtigungen der Meßwertaussage führen können, auch die Reproduzierbarkeit der Prüfergebnisse sowie die Meßwertstreuung zur Einschätzung der Brauchbarkeit der einzelnen Prüfverfahren heranziehen. In [11] sind die Ergebnisse von Untersuchungen beschrieben, die in dieser Richtung zielten, und die zunächst für eine weitergehende Auswertung verwendet werden sollen. Es ging dort um den Vergleich der Knittererholungs-Prüfverfahren nach DIN 53890, nach *Monsanto* und nach *Quehl*, wobei von 7 Prüfstellen an 13 Geweben in Kett- und Schußrichtung vergleichende Knittererholungsmessungen durchgeführt wurden.

Hinsichtlich *Reproduzierbarkeit* der Meßergebnisse der einzelnen Prüfverfahren wurde keine quantitative Aussage formuliert. Es wurden lediglich für einige der Gewebe die Meßwerte der Prüfstellen graphisch aufgezeichnet und die Abweichungen voneinander mit Unterschieden im Prüfklima und in den Gewebeproben sowie subjektiven Abweichungen bei der Prüfungsdurchführung erklärt.

Das umfangreiche Zahlenmaterial bietet sich aber auch für eine quantitative Aussage an. Als Maß für die Reproduzierbarkeit kann man die Größe des Unterschiedes zwischen dem höchsten und niedrigsten Meßergebnis, das bei der Prüfung eines bestimmten Gewebes nach einem bestimmten Prüfverfahren durch die 7 Prüfstellen auftritt, also die Spannweite der Mittelwerte, ansehen. Für die 13×2 Gewebeproben wurden daher die einzelnen Spannweiten $\Delta\alpha$ für α_5 und α_{60} nach DIN, α_5 nach *Monsanto* und α_3 nach *Quehl* gebildet. Tabelle 1 bringt die Ergebnisse dieser Auswertung, wobei neben einer mittleren Spannweite für alle 26 Proben noch Mittelwerte für gleichartige Materialgruppen — die Gewebe aus Regeneratfaserstoffen 1 bis 5, aus pflanzlichen Faserstoffen 6 bis 8, aus tierischen Faserstoffen 9 bis 10 und aus synthetischen Faserstoffen 11 bis 13 — eingetragen sind.

Dabei konnten allerdings nur die Meßergebnisse der Prüfstellen 1 bis 6 Berücksichtigung finden, weil die Prüfstelle 7 für α_{60} nach DIN keine Meßwerte beisteuerte. Auch sind die α_5-Werte nach DIN dieser Prüfstelle für die meisten Probenmaterialien so hoch, daß sie nicht mehr als zufallsbedingt abweichend angesehen werden können. So liegen z. B. für die Probe 5 die α_5-Mittelwerte um 62° bzw. 63° höher als die nächsthöheren Mittelwerte der anderen sechs Prüfstellen. Da diese Abweichungen besonders stark bei den feuchteempfindlichen Faserstoffen auftreten, ist anzunehmen, daß diese Prüfstelle ohne Normalklima bzw. in sehr trockenem Klima geprüft hat, wenn nicht noch andere Fehler bei der Prüfungsdurchführung vorlagen. Aus Tabelle 1 ist zu entnehmen, daß die Meßwerte des DIN-Verfahrens α_5 und α_{60} die kleinsten mittleren Spannweiten $\overline{\Delta\alpha}$ aufweisen. Das *DIN-Verfahren* ist somit in der Reproduzierbarkeit der Meßwerte dem *Monsanto*-Verfahren und noch mehr dem *Quehl*-Verfahren *überlegen*. Auffallend ist auch, daß bei den Geweben aus synthetischen Faserstoffen, bei denen man hinsichtlich Probengleichmäßigkeit und Feuchteeinfluß günstigere Vergleichsbedingungen erwarten darf, die Verfahren nach *Monsanto* und *Quehl* weniger gut reproduzierbare Ergebnisse als das DIN-Verfahren liefern.

Tabelle 1. Mittlere Spannweiten beim Vergleich von 13 × 2 Gewebeproben nach den Knittererholungsprüfverfahren DIN 53890, Monsanto und Quehl durch die Prüfstellen 1 bis 6 (nach den Meßwerten von Tabelle 1 in [11])

Prüfgröße		mittlere Spannweite $\overline{\Delta\alpha}$° für die Gewebe				
		1 ... 5	6 ... 8	9 ... 10	11 ... 13	1 ... 13
DIN:	α_5	19,7	17,7	28,0	17,2	19,9
	α_{60}	21,2	17,3	27,5	13,7	19,5
Monsanto:	α_5	21,0	25,2	18,8	23,7	22,2
Quehl:	α_3	24,7	23,8	27,3	24,2	24,8

Daß die Absolutwerte der Erholungswinkel bei den drei Prüfverfahren nicht übereinstimmen, ist in Anbetracht der unterschiedlichen Prüfbedingungen nicht erstaunlich. Wie sehr sich die Erhöhung der Belastungszeit von 5 min auf 60 min auf die Knittererholung auswirkt, wird besonders deutlich, wenn man hierzu die betreffenden Erholungskurven in den Bilden 12 bis 14 von Teil I zum Vergleich heranzieht. Übereinstimmungen der Meßwerte der drei Prüfverfahren sind mehr oder minder zufällig und vorzugsweise nur bei sehr knitterelastischen Geweben vom Typ der Probe 28 (vgl. Bild 12 in Teil I) zu erwarten, bei denen der Einfluß unterschiedlicher Belastungsdauer relativ gering ist. Die Belastungsintensitäten sind aber nicht nur hinsichtlich der *Belastungsdauer*, sondern auf Grund der Abweichungen in den Schenkelabmessungen auch hinsichtlich der *spezifischen Belastung* unterschiedlich. Dies wird durch die Gegenüberstellung in Tabelle 2 nochmals veranschaulicht.

Die Prüfung nach *Monsanto* stellt demzufolge mit der geringsten spezifischen Belastung, kurzer Belastungszeit und längerer Erholungszeit als bei *Quehl* das „mildeste" Prüfverfahren dar, das stets die höchsten Meßwerte erwarten läßt. Bei der Prüfung nach DIN hingegen sind durch eine etwas höhere spezifische Belastung, vor allem aber durch die wesentlich längere Belastungszeit die Prüfbedingungen am „schärfsten".

Auf Grund dieser zwangsläufig niedrigeren Meßwerte bei der Prüfung nach DIN muß ein Vergleich der *Meßwertstreuung* auf der Basis der Variationskoeffizienten zuungunsten der DIN-Prüfung ausfallen. Dies ist in [11]

Tabelle 2. Belastungs- und Entlastungsbedingungen bei der Prüfung nach DIN 53890, Monsanto und Quehl

Verfahren	belastete Fläche (Länge × Breite) [cm²]	Belastungsgröße [kp]	spezifische Belastung [kp/cm²]	Belastungszeit [min]	Erholungszeit [min]
DIN	1,0 × 2,0 = 2	1	0,5	60	5 und 60
Monsanto	2,0 × 1,5 = 3	1	0,33	5	5
Quehl	2,0 × 0,5 = 1	1	1,0	5	3

[1]) Teil I: Faserforsch. u. Textiltechn. **15** (1964) 9, S. 421–432.

Tabelle 3. Meßwertstreuung von α_1, α_5 und α_{60} in Abhängigkeit von der Belastungszeit bei den Proben 14, 28 und 29 ($n = 6$, $S = 95\%$)

Belastungszeit [min]	α_1 s [°]	α_1 v [%]	α_1 q [°]	α_5 s [°]	α_5 v [%]	α_5 q [°]	α_{60} s [°]	α_{60} v [%]	α_{60} q [°]
Probe 14 (POP)									
2	4,4	3,40	4,6	3,8	2,73	4,0	3,2	2,21	4,0
5	3,0	2,36	3,0	3,2	2,27	3,4	2,8	1,86	2,8
15	2,0	1,90	2,0	2,3	1,90	2,5	3,4	2,51	3,6
30	1,9	2,06	2,0	3,0	2,64	3,0	2,8	2,14	2,9
60	3,3	4,00	4,1	4,2	3,88	5,2	4,3	3,42	5,4
120	2,4	3,43	2,0	3,0	3,31	2,4	2,6	2,26	2,2
	2,83			3,25			3,18		
Probe 28 (PE/Wo)									
2	2,8	1,83	2,8	3,1	2,03	3,3	3,4	2,19	4,2
5	2,9	1,95	3,0	2,6	1,74	2,8	2,7	1,73	2,8
15	2,6	1,90	2,8	2,4	1,62	2,4	2,6	1,73	2,7
30	1,6	1,15	1,6	1,4	1,03	1,6	1,4	0,91	1,4
60	2,0	1,55	2,1	2,0	1,46	2,1	1,1	0,76	1,2
120	2,2	1,76	2,2	2,6	1,98	2,7	3,0	2,07	3,1
	2,35			2,35			2,37		
Probe 29 (VIF)									
2	8,5	8,34	8,9	7,4	6,41	7,7	7,1	5,69	8,8
5	4,2	5,05	4,4	3,8	3,98	3,9	4,7	4,32	5,0
15	5,8	9,44	7,2	5,6	7,15	6,8	4,0	4,14	4,8
30	2,8	5,80	3,0	3,2	4,94	3,4	2,6	3,14	2,8
60	1,8	4,97	2,0	3,1	6,40	3,3	4,3	6,22	5,4
120	1,8	4,93	1,8	1,8	3,57	1,8	2,2	3,40	2,3
	4,15			4,15			4,15		

geschehen, wo aus den Meßreihen aller 7 Prüfstellen an allen 13×2 Gewebeproben folgende Mittelwerte der Variationskoeffizienten gefunden wurden:

Prüfung nach DIN: $\overline{v_{\alpha_5}} = 7{,}8\%$, $\overline{v_{\alpha_{60}}} = 6{,}6\%$,

Prüfung nach *Monsanto*: $\overline{v_{\alpha_5}} = 4{,}4\%$,

Prüfung nach *Quehl*: $\overline{v_{\alpha_3}} = 6{,}6\%$.

Aus diesem Befund wird abgeleitet, „daß in bezug auf die Meßgenauigkeit (Streuung der Einzelwerte) die Methoden „Monsanto“ und „Quehl“ der Methode DIN überlegen sind“.

Reeller wird der Vergleich, wenn man sich nicht auf die relativen, sondern die absoluten Streuungsgrößen bezieht. Anhand der Angaben in Tabelle 3 von [11] wurden daher Mittelwerte für die Standardabweichung berechnet. Da für die Prüfstellen 2 und 7 die Standardabweichungen von α_5 bzw. α_{60} für die Prüfung nach DIN nicht genannt sind, konnten nur die Angaben der Prüfstellen 1 und 3 bis 6 genutzt werden. Die Mittelwerte der Standardabweichungen liegen dann wie folgt:

Prüfung nach DIN: $\overline{s_{\alpha_5}} = 4{,}9°$, $\overline{s_{\alpha_{60}}} = 5{,}1°$,

Prüfung nach *Monsanto*: $\overline{s_{\alpha_5}} = 4{,}3°$,

Prüfung nach *Quehl*: $\overline{s_{\alpha_3}} = 5{,}7°$.

Hiernach schneidet die Methode „Monsanto“ zwar etwas besser als die DIN-Prüfung ab, doch nicht so überzeugend wie beim Vergleich der Variationskoeffizienten, während die Methode „Quehl“ am ungünstigsten liegt. Voraussetzung bei derartigen Vergleichen verschiedener

Tabelle 4. Meßwertstreuung (Mittelwerte) der Knittererholungswinkel bei 6 PE/Bw-Geweben ($n = 10$, $S = 95\%$)

Meßgröße	s [°]	v [%]	q [°]	p [%]
60 min Belastung:				
α_5	3,7	4,22	2,67	3,07
α_{60}	3,6	3,64	2,62	2,64
30 min Belastung:				
$\alpha_{0,5}$	3,8	4,71	2,66	3,33
α_{30}	4,2	4,11	2,93	2,91

Prüfverfahren ist allerdings, daß die Prüfmethodik eines jeden Prüfverfahrens an jeder Prüfstelle gleich gut eingeübt und beherrscht wird, da sonst zu leicht durch subjektive Einflüsse Fehlbeurteilungen entstehen können.

Wie sehr die Streuung der Meßwerte vom Prüfgut selbst mit abhängt, zeigt die statistische Auswertung eigener Untersuchungsreihen über den Belastungszeiteinfluß bei den Proben 14, 28 und 29 (vgl. Bilder 12, 13 und 14 von Teil I). Für die Winkel α_1, α_5 und α_{60} sind die Standardabweichungen s, Variationskoeffizienten v und Vertrauensbereiche q für eine statistische Sicherheit $S = 95\%$ in Tabelle 3 aufgeführt. Die Mittelwerte der Standardabweichung liegen für Probe 28 bei $s = 2{,}36°$, für Probe 14 bei $s = 3{,}09°$, für Probe 29 bei $s = 4{,}15°$. Eine Tendenz für eine Änderung der Streuungsgröße in Abhängigkeit von der Erholungszeit ist dabei nicht vorhanden. Doch ist ein Anwachsen der Streuung bei den kurzen Belastungszeiten erkennbar. Dies wird bei dem Viskosegewebe 29 besonders deutlich, bei dem die Änderung der Belastungszeit von 2 auf 5 bzw. 15 min die stärkste Verschiebung im Verlauf der Erholungskurven verursacht hatte. Bei derartigen stark deformationsempfindlichen Geweben sind also die Verhältnisse bei kurzen Belastungszeiten noch verhältnismäßig wenig ausgeglichen, so daß sich Unterschiede von Probe zu Probe sowie geringe Abweichungen in der Belastungszeit stärker auswirken, als dies bei längeren Belastungszeiten der Fall ist. Dieser Befund spricht gegen die Verwendung von sehr kurzen Belastungszeiten.

Eine Verkürzung der Belastungszeit von 60 auf 30 min hingegen wäre vom Standpunkt der Meßwertstreuung durchaus vertretbar. Bei 6 PE/Bw (67/33)-Geweben wurde einerseits die Messung von α_5 und α_{60} nach 60 min Belastung, andererseits die Messung von $\alpha_{0.5}$ und α_{30} nach 30 min Belastung durchgeführt. Hinsichtlich der Streuung sind alle 4 Winkel-Messungen gleichberechtigt, wie dies die Tabelle 4 zeigt. Insgesamt gesehen liegen die Meßwertstreuungen bei dem Meßbankverfahren (ohne Probentransport) nach DIN durchaus zufriedenstellend niedrig.

2 *Betrachtungen zur Auswertung der Meßergebnisse*

Alle bisher dargelegten Untersuchungsbefunde und Diskussionen basierten auf der Darstellung $\alpha = f(\lg t)$. Für die Auswertung des Knittererholungsverhaltens in der bisher üblichen Weise nach DIN 53890 bzw. auch entsprechend dem modifizierten Auswertungsvorschlag nach *Winkler* und *Sommer* [4] ist es von Interesse, wie die gefundenen Erholungskurven in der doppeltlogarith-

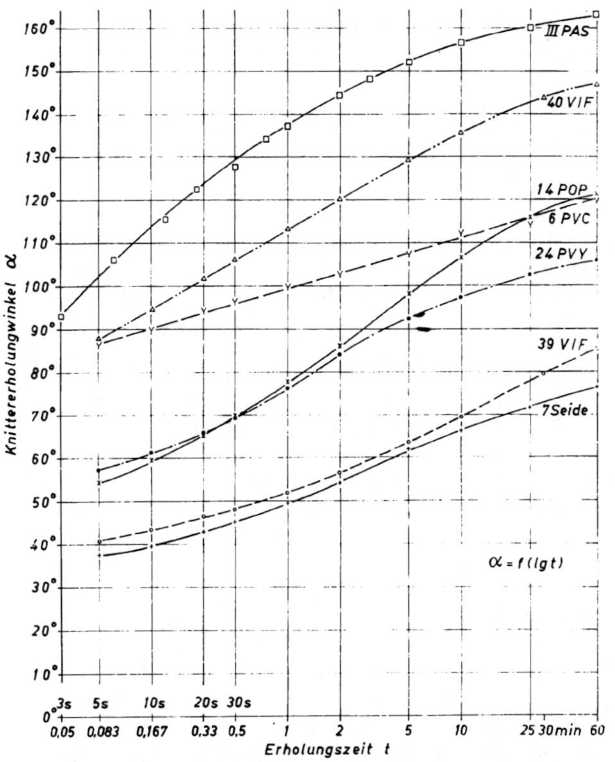

Bild 1. Erholungskurven $\alpha = f(\lg t)$ einiger der geprüften textilen Flächengebilde mit unterschiedlicher Kurvenkrümmung zwischen 3 bzw. 5 s und 60 min Erholungszeit

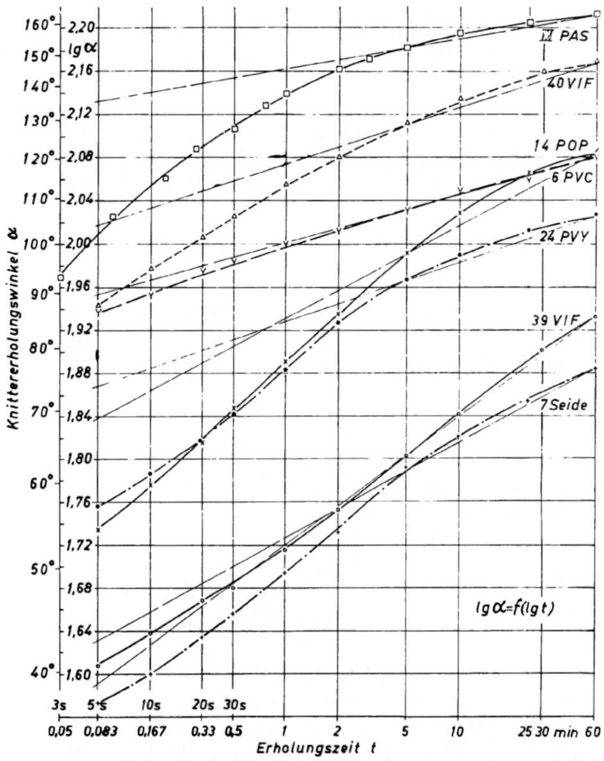

Bild 2. Die Knittererholungskurven der sieben Materialien von Bild 1 in der Darstellung $\lg \alpha = f(\lg t)$

mischen Darstellung $\lg \alpha = f(\lg t)$ erscheinen. Aus diesem Grunde wurden für die in Bild 1 zusammengestellten Vertreter der verschiedenen Formen der Erholungskurven $\alpha = f(\lg t)$ zwischen 3 s bzw. 5 s und 60 min Erholungszeit — VIF (39) mit konkavem, Naturseide (7), PVY (24) und POP (14) mit konkav-konvexem, VIF (40) mit schwach und PAS (III) mit stark konvexem sowie PVC (6) mit geradlinigem Kurvenverlauf — in Bild 2 die Erholungskurven in die Form $\lg \alpha = f(\lg t)$ umgezeichnet. Erwartungsgemäß wird dabei keine der Erholungskurven zu einer Geraden. Die in der Darstellung $\alpha = f(\lg t)$ geradlinigen und konvexen Erholungskurven werden konvex, die konkaven und konkav-konvexen Erholungskurven konkav-konvex wiedergegeben. Der lineare Kurvenverlauf ist als seltener Zufall anzusehen. Die in Bild 2 eingezeichneten Verbindungsgeraden durch α_5 und α_{60} informieren über die Abweichungen zwischen linear extrapoliertem und gemessenem Kurvenverlauf, die sowohl positiv als auch negativ sein können. Ohne die Extrapolation bis $\alpha_0 = \alpha_{0,01}$ auszudehnen, wo die Abweichungen teilweise noch beträchtlich größer sind, soll Tabelle 5 für $\alpha_{5\,s} = \alpha_{0,083}$ die Differenzen zwischen linear extrapoliertem und gemessenem Kurvenverlauf aufzeigen.

Eine lineare Beschreibung der Erholungskurve $\lg \alpha = f(\lg t)$ und lineare Extrapolationsversuche sind daher, selbst wenn gelegentlich dabei nur geringe Abweichungen vom tatsächlichen Verlauf in gewissen Kurvenabschnitten auftreten, prinzipiell abzulehnen, da man aus zwei Meßpunkten nicht die Kurvenkrümmung bei beliebigen Prüfmaterialien vorhersehen kann. Bemerkt sei an dieser Stelle, daß auch *Sziraki* [12], *Čirlič* [7] und *Wegener* [13] bei ihren Prüfungen nichtlineare Knittererholungskurven $\lg \alpha = f(\lg t)$ fanden.

Mit einer quadratischen Gleichung gemäß [4] kann man den Erholungsverlauf $\lg \alpha = f(\lg t)$ zwischen 5 s und 60 min Erholungszeit für alle die Materialien annähern, für die geradlinige und konvexe Erholungskurven $\alpha = f(\lg t)$ in diesem Erholungszeitbereich gefunden wurden. Läßt man bei diesen Materialien eine quadratische Extrapolation über $\alpha_{0,083}$ hinaus bis $\alpha_{0,01}$ zu, so wirkt sich die Wahl der erforderlichen drei Meßpunkte sehr auf die Höhe des berechneten α_0-Wertes aus, da man ja eine gleichmäßige Kurvenkrümmung um so besser erfassen kann, je größer man den Abstand der drei Kurvenpunkte wählt. In [4] wurden für die Gewebe I bis VI (vgl. Bild 3 von Teil I) die Aufspringwinkel α_0 bei unterschiedlicher Paarung von drei Meßpunkten berechnet. Sollen die α_0-Werte glaubwürdig erscheinen, so müssen sie kleiner als die Meßwerte $\alpha_{0,05}$ sein. Dies ist

Tabelle 5. Differenzen zwischen linear extrapoliertem und gemessenem Kurvenverlauf

Material	Kurvenform bei $\alpha = f(\lg t)$	$\alpha_{5s\,\text{extrap.}}$ [°]	$\alpha_{5s\,\text{gem.}}$ [°]	$\Delta\alpha_{5s}$ [°]
39 VIF	konkav	39	41	− 2
7 Ns	konkav-konvex	43	38	+ 5
14 POP	,, ,,	69	54	+ 15
24 PVY	,, ,,	74	57	+ 17
40 VIF	konvex	104	87	+ 17
III PAS	,,	135	102	+ 33
6 PVC	geradlinig	90	87	+ 3

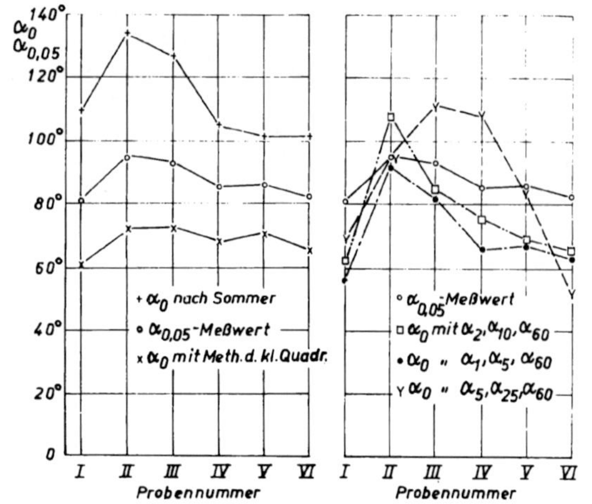

Bild 3. Die in [4] auf verschiedene Weise berechneten Aufspringwinkel α_0 im Vergleich zu den bei 3 s Erholungszeit gemessenen $\alpha_{0,05}$-Werten der Gewebe-Proben I—VI

für die Rechengrößen α_0 nach *Sommer* nicht der Fall, die jeweils viel zu hoch liegen (vgl. Bild 3). Hingegen sind die mittels der Methode der kleinsten Quadrate nach der erweiterten *Sommer*schen Gleichung berechneten α_0-Werte als wahrscheinlich anzusprechen — gleichbleibende Krümmungstendenz über $\alpha_{0.05}$ hinaus bis $\alpha_{0.01}$ vorausgesetzt —, da hierbei alle 15 Meßwerte Berücksichtigung fanden. Bei der Reduzierung der für die Berechnung von α_0 verwendeten Meßpunkte auf drei müssen die Kombinationen α_5, α_{25}, α_{60} und α_2, α_{10}, α_{60} als ungeeignet verworfen werden. Lediglich die Kombination α_1, α_5, α_{60} erfüllt die Forderung $\alpha_0 < \alpha_{0.05}$ für alle 6 Proben, doch fallen auch hier bei den Proben II und III die α_0-Werte immer noch recht hoch aus. Bemerkenswert ist in diesem Zusammenhang ferner, wie sehr sich die zufällige Abweichung eines für die Berechnung verwendeten Meßpunktes vom mittleren Kurvenverlauf auf die Rechengröße α_0 auswirkt, und zwar um so mehr, je weitreichender die Extrapolation ist. So lag z. B. bei der Kombination α_2, α_{10}, α_{60} für die Probe II der Wert α_{10} etwas unterhalb der Ausgleichskurve, was den viel zu hohen α_0-Wert verursacht. Die Abweichung eines Meßpunktes von einem wahrscheinlichen, mittleren Kurvenverlauf kann aber nur dann erkannt werden, wenn der gesamte Kurvenverlauf zuvor ermittelt wurde, was für Routineprüfungen kaum in Betracht kommen dürfte.

Eine quadratische Gleichung muß natürlich dann versagen, wenn sie für Kurven mit einem Wendepunkt angewandt werden soll, also für die konkaven und konkav-konvexen $\alpha = f(\lg t)$-Kurven, die, wie bereits erwähnt, in der Darstellung $\lg \alpha = f(\lg t)$ konkav-konvex wiedergegeben werden. Dies gilt auch für die von *Wegener* [13] untersuchten Viskose-, Kupfer- und Acetatseiden-Gewebe, die, in Übereinstimmung mit den eigenen Untersuchungsergebnissen bei Viskose-Geweben, in der Darstellung $\alpha = f(\lg t)$ bis zu 60 min Erholungszeit konkave Erholungskurven aufweisen, die zwischen 0,001 min und 0,5 min äußerst flach verlaufen. Bei der Umzeichnung in die doppeltlogarithmische Darstellung ergeben sich konkav-konvexe Kurven, deren konvexer Teil (z. B. bei dem Acetatseiden-Gewebe mit $\beta = 45°$ Faltenlage in Abb. 12 von [13]) bereits bei ca. 1 min Erholungszeit beginnt. Die Anwendung der quadratischen Gleichung nach *Winkler* und *Sommer* auf diese Proben ergibt dann insgesamt eine positive Entknitterungsbeschleunigung (positive Konstante A_2 in Tab. 13 von [4]), also eine konkave Kurvenkrümmung, jedoch nur deshalb, weil infolge der sehr weit auseinandergelegenen, für die Berechnung verwendeten Meßpunkte $\alpha_{0.001}$, $\alpha_{0.5}$ und α_{60} der konvexe Kurventeil zwischen 1 min und 60 min Erholungszeit unerkannt blieb. Die konkave Kurvenkrümmung ist außerdem „echt", d. h. materialspezifisch, und kann nicht durch den Schwerkrafteinfluß des Probenschenkels oder durch Trocknungseffekte [4] erklärt werden.

Mit einer quadratischen Gleichung im System $\lg \alpha = f(\lg t)$ kann man demnach nur bei einem Teil der textilen Flächengebilde den zeitlichen Verlauf der Knittererholung für beschränkte Erholungszeitbereiche beschreiben. Von Versuchen, über den durch Meßpunkte gesicherten Teilbereich hinaus zu extrapolieren, sollte man absehen, weil drei beliebig verteilte Meßpunkte nicht für eine konvexe Kurvenkrümmung garantieren, über das Vorliegen eines Wendepunktes — weder innerhalb noch außerhalb dieser Meßpunkte — also nicht informieren. Auch befindet man sich bei einer gewählten kürzesten Erholungszeit von 1 min oder auch 0,5 min von dem „erstrebten Ziel" 1/100 min noch zu weit entfernt, als daß man nach dort, in Anbetracht der von Gewebe zu Gewebe unterschiedlichen Krümmungstendenz der Erholungskurven, ohne zu große Spekulationen extrapolieren könnte. Die Unzulänglichkeit der quadratischen Gleichung zur Beschreibung der gesamten Erholungskurve zeigt sich auch darin, daß ihr Maximum (Scheitelpunkt der Parabel) bei den Proben I bis VI unter Verwendung der nach der Methode der kleinsten Quadrate berechneten Gleichungskonstanten (Tab. 7 in [4]) bereits bei relativ niedrigen Erholungszeiten von 50 bis 525 min liegt. Diese Gleichung ist also ausschließlich für die Berechnung von α_0 vorgesehen, und zwar bei Materialien, deren Erholungskurve $\lg \alpha = f(\lg t)$ als konvex anzunehmen ist, und versagt bei der Beschreibung des sich asymptotisch einem Endwert nähernden Kurvenverlaufs bei langen Erholungszeiten.

Da somit die doppeltlogarithmische Darstellung keine Vorteile hinsichtlich der Beschreibung des Erholungsverlaufs und dessen Auswertung bringt, vielmehr die Erholungskurven verzerrt und dadurch die Anschaulichkeit verringert werden, besteht kein zwingender Grund, weiterhin im System $\lg \alpha = f(\lg t)$ zu arbeiten. Die Darstellung $\alpha = f(\lg t)$ ist vielmehr wegen der größeren Anschaulichkeit vorzuziehen.

Versucht man, im System $\alpha = f(\lg t)$ den Gesamtverlauf der Erholungskurve durch eine Gleichung zu beschreiben, so muß diese Gleichung berücksichtigen, daß die Grundform der Erholungskurve konkav-konvex verläuft und sich asymptotisch einem Endwert nähert. Die letztere Forderung wird, da es sich ja um einen Abklingvorgang handelt, am besten durch eine e-Funktion verwirklicht. Eine Gleichung der Form

$$\alpha = a \cdot e^{-\frac{b}{(\lg t + c)^2}} + d, \qquad (1)$$

die einen Wendepunkt besitzt und symmetrisch zur Ordinate liegt, stellt zwar eine Näherungsmöglichkeit für den Verlauf der Erholungskurve dar, doch verläuft der untere Kurventeil sehr flach, so daß dieser sehr von der Lage des gewählten untersten Meßpunktes abhängt und stets zu hohe α_0-Werte, die der Konstanten d entsprechen, liefert. Eine Korrektur dieses Kurventeils durch ein Zusatzglied mit einer weiteren Konstanten würde die Auswertung der Gleichung noch komplizierter gestalten.

Besser geeignet als Näherungsgleichung erwies sich die Verwendung der arc tg-Funktion in der Form

$$\alpha = A \cdot \text{arc tg}(\lg t + B) + C. \qquad (2)$$

Dieselbe setzt allerdings Punktsymmetrie der Kurven gegenüber deren Wendepunkt voraus. Doch zeigte sich bei den 12 Kurven der Proben 14 und 29 (Bilder 13 und 14 von Teil I), die für diese Betrachtungen am geeignetsten waren, weil hier sehr große Erholungszeitbereiche erfaßt wurden, daß bei diesen Materialien eine befriedigend gute Punktsymmetrie gegeben ist. Lediglich bei den stark deformierten VIF-Proben nach 30, 60 und 120 min Belastungszeit erfolgt der Anlauf der gemessenen Kurven unterhalb von 10 bis 20 s Erholungszeit flacher als der Auslauf bei langen Erholungszeiten. Für diese Proben müßte der untere Kurventeil durch ein Zusatzglied in obiger Gleichung der Form „$\frac{D}{\sqrt{t+5}}$", mit t in $^1/_{100}$ min, korrigiert werden.

Bei Anwendung von Gleichung (2) beispielsweise auf die Erholungskurve der Probe 14 nach 60 min Belastungszeit ergibt sich unter Verwendung der drei Meßpunkte $\alpha_{0.05}$, α_3 und α_{150} folgende Gleichung:

$$\alpha = 34{,}3264 \cdot \text{arc tg}(\lg t - 2{,}4515) + 94{,}1207,$$

wobei t in $^1/_{100}$ min einzusetzen ist. Diese Funktion zeigt zwischen 3 s und 1000 min Erholungszeit Abweichungen vom empirisch ermittelten Kurvenverlauf, die nicht größer als die Vertrauensbereiche der Meßwerte, also maximal $\pm 3°$, sind. Der Wendepunkt α_W der Kurve entspricht der Konstanten $C = 94{,}1°$, während die Wendepunktsabszisse $\lg t_W = -B$ ist. Für $t = 1$ erhält man $\alpha_{0.01} = 53{,}5°$, welcher Wert als sehr wahrscheinlich anzusprechen ist, wenn man den unteren Verlauf der empirisch ermittelten Kurve als Kriterium hierfür wählt. Diese Gleichung stellt somit eine Möglichkeit dar, den gesamten Knittererholungsverlauf mit befriedigender Genauigkeit zu beschreiben. Sie erfordert allerdings mindestens drei Meßpunkte bei möglichst weit auseinanderliegenden Erholungszeiten. Will man hiermit einen $\alpha_{0.01}$-Wert berechnen, so muß der erste Meßwert bei sehr kurzen Erholungszeiten, z. B. bei 5 s, liegen, damit das bei Materialien mit sehr flachem Anlauf der Erholungskurve, speziell Geweben aus Regeneratfasern, erforderliche Korrekturglied mit einer 4. Konstanten in entsprechendem Maße wirksam werden kann[2]).

3 *Vorschläge zur Veränderung der Prüfmethodik und Auswertung*

Die Möglichkeit, den Knittererholungsverlauf durch eine Gleichung beschreiben zu können, hat für die Auswertung von Routinemessungen nur dann praktische Bedeutung, wenn man dadurch zu neuartigen Kenngrößen gelangt. Soll eine immerhin nicht ganz einfach auswertbare Näherungsgleichung, wie dies für die Gleichung nach *Winkler* und *Sommer*, aber auch die obengenannte Gleichung (2) zutrifft, jedoch nur dazu verwendet werden, um nach Ermittlung von drei Meßpunkten einen vierten, gleichwertigen, der direkten Messung lediglich nicht unmittelbar zugänglichen Kurvenpunkt zu berechnen, so erscheint der Aufwand nicht gerechtfertigt; dies um so mehr, als durch ungünstige Wahl der drei Meßpunkte die Kurven-Krümmung nur unzureichend erfaßt sein und weiterhin infolge der Meßwertstreuung bei mehr oder minder weitreichender Extrapolation über durch Meßpunkte gesicherte Bereiche hinaus die Rechengröße sehr unsicher werden kann. Die Notwendigkeit für die Berechnung eines Aufspringwinkels α_0 besteht ja nur so lange, wie man sich mit der Messung von zwei Langzeitmeßwerten begnügt — α_5 ist durchaus nicht als Kurzzeitmeßwert zu betrachten — und gern etwas über das kurzfristige Erholungsvermögen wissen möchte. Sobald man sich aber neben einem Langzeitmeßwert noch auf einen Meßwert bei möglichst kurzer Erholungszeit festlegt, der für praktische Bedürfnisse noch völlig ausreichende, jetzt aber durch Messung gesicherte Aussagekraft über das Kurzzeitverhalten besitzt, kann man sich den mühsamen Weg der Berechnung eines mit Unsicherheiten behafteten Aufspringwinkels α_0 ersparen, zumal der *effektive* Aufspringwinkel α_a vermutlich je nach den elastischen Eigenschaften der Probe, also materialabhängig, zwischen $^1/_{1000}$ min [13] und $^1/_{100}$ min [5] Erholungszeit zu suchen ist. Die Messung eines dritten Erholungswinkels, der nur zur Klärung des Kurvencharakters notwendig, aber nicht unbedingt ausreichend ist, erübrigt sich dann ebenfalls für Routine-Prüfungen. Die Berechnung eines beide Meßwerte arithmetisch oder geometrisch vereinenden Mittelwertes, z. B. einer Gütezahl K oder eines Völligkeitsgrades V_K, ist nicht mehr aktuell, sobald man die beiden Meßwerte nicht als ebenbürtige Aussagen für das gleiche Prüfmerkmal ansieht, sondern sie als Antwort auf zwei getrennte, selbständige Fragestellungen versteht, nämlich auf die Frage nach dem Erholungsvermögen einerseits bei sehr kurzen und andererseits bei sehr langen Erholungszeiten. Beide Aussagen sind in gleicher Weise bei der Materialbeurteilung von Bedeutung. — Die von einigen Autoren gebrauchte Angabe der Erholungswinkel in %, bezogen auf 180°, bringt nichts Neues, da ein Winkel $\alpha = 90°$ mindestens ebenso anschaulich ist wie ein $\lambda = 50\%$. — Man würde dann einen Materialvergleich etwa in der Weise vornehmen, wie er in Bild 4 für die in Teil I untersuchten textilen Flächengebilde unter Verwendung der $\alpha_{0.5}$- und α_{60}-Werte nach 60 min Belastungszeit erfolgte. Die Aussage ist hierbei allein auf Meßwerte und nicht mehr auf unsichere Rechengrößen gestützt.

Da sich für diese Art der Prüfungsdurchführung eine Änderung der Meßzeiten erforderlich macht, wird der Vorschlag für Änderungen der Prüfbedingungen beim DIN-Verfahren wie folgt konkretisiert:

a) Die Belastungszeit wird auf 30 min reduziert unter Beibehaltung der Belastungsgröße von 1 kp und der einheitlichen freien Schenkelgröße von 10×20 mm.

b) Die Erholungswinkel werden nach 30 s und 30 min Erholungszeit — also $\alpha_{0.5}$ und α_{30} — gemessen.

Wie dies auch *Čirlič* [7] betonte, ist eine spezifische Belastung der Prüflinge mit 0,5 kp/cm², verglichen mit den

[2]) An dieser Stelle möchte ich Herrn Dipl.-Math. *S. Scholz*, TU Dresden, für wertvolle Anregungen herzlich danken.

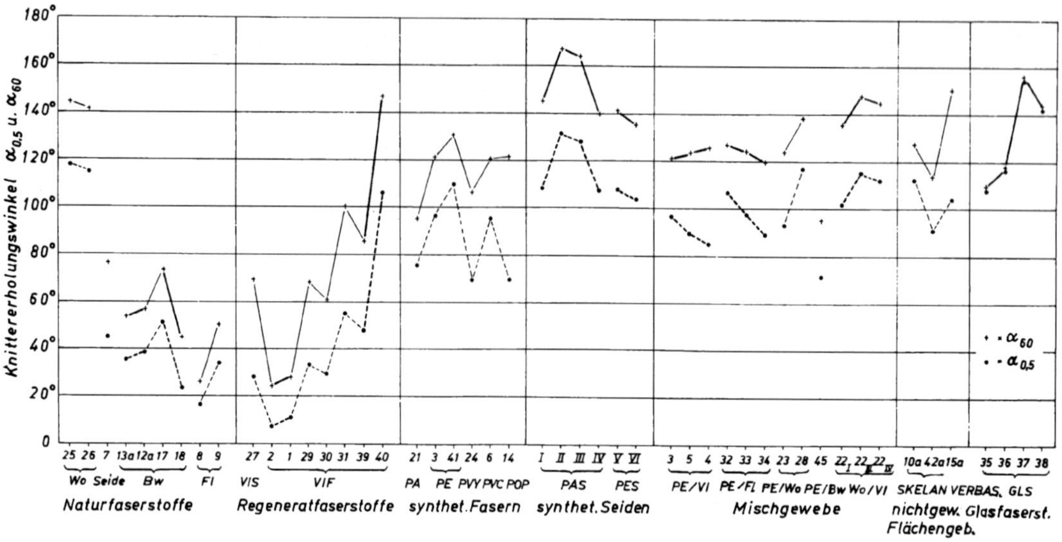

Bild 4. Vergleich des Kurzzeit- und des Langzeit-Knittererholungsvermögens der in Teil I geprüften textilen Flächengebilde auf der Basis von $\alpha_{0,5}$ und α_{60} nach 60 min Belastungszeit; Prüfbedingungen: in Kettrichtung, bei Normalklima; dicke Linien verbinden unmittelbar vergleichbare Proben.

Belastungsgrößen im praktischen Gebrauch beim Sitzen oder Aufstützen der Ellenbogen, bereits recht hoch, jedoch gerade noch vertretbar. Die Verringerung der Belastungsintensität durch Verkürzung der Belastungszeit von 60 min auf 30 min erscheint daher angebracht, besonders unter der Berücksichtigung, daß bei stark deformationsempfindlichen Faserstoffen, wie Viskose, Baumwolle und Flachs, eine Belastungszeit von 60 min bereits zu einer Materialerschöpfung mit sehr langen inneren Regenerationszeiten führt, wie sich dies in Bild 14 von Teil I für das Viskose-Gewebe 29 gezeigt hatte, während nach 30 min Belastungszeit die Deformation nicht so tiefgehend ist und die verzögerte elastische Erholung eher einsetzt. Die Belastungszeit von 30 min sorgt also für etwas mildere Prüfbedingungen, bei denen die Nachteile der weniger elastischen Materialien nicht durch Materialüberanstrengung übersteigert herausgestellt werden, die also für alle textilen Flächengebilde eher zumutbar sind.

Die Messung der Knittererholung des Beharrungszustandes ($=\alpha_e$) ist bei Routineprüfungen aus Zeitgründen nicht möglich. Daher werden auch mit der relativ langen Erholungszeit von 60 min nur Anteile, und zwar materialabhängig unterschiedlich große Anteile, des Gesamt-Erholungsvermögens erfaßt. Durch die Verkürzung der Belastungszeit auf 30 min verschieben sich die Erholungskurven nach höheren α-Werten hin und verlaufen bei α_{30} bereits vielfach flacher, als dies bei α_{60} nach 60 min Belastungszeit der Fall ist. Die $\alpha_{30/30}$-Meßwerte[3]) liegen also höher als die $\alpha_{60/60}$-Meßwerte und erfassen einen größeren Anteil des Gesamt-Erholungsvermögens. Soweit sich aus den Bildern 12 bis 14 von Teil I eine zahlenmäßige Aussage entnehmen läßt, entsprechen $\alpha_{30/30}$-Werte solchen von $\alpha_{100/60}$ bis $\alpha_{500/60}$.

Die Verwendung von $\alpha_{0.5}$ als Kurzzeit-Meßwinkel ist günstiger als die Messung von α_1, weil sich mit α_1 kein rationeller Zeitplan für die Prüfungsdurchführung ohne Überschneidungen aufstellen läßt und sich bereits nach 30 s Erholungszeit durchaus zuverlässige Winkelmessungen an vorderer und hinterer Schenkelkante vornehmen lassen. Das Einstellen der beiden Zeiger dauert, wenn man sich auf diese erste Ablesung konzentriert und den vorderen Zeiger schon langsam der Bewegung der vorderen Schenkelkante entsprechend mitführt, nicht länger als 5 bis 6 s. Man würde also den vorderen Zeiger stets bei 30 s, den hinteren Zeiger jeweils 3 bis 6 s später einstellen und hernach ablesen. Auf diese Weise ist der mitunter bei 30 s noch rasch verlaufende Erholungsvorgang mit ausreichender Sicherheit erfaßbar. Die $\alpha_{0.5/30}$-Werte liegen niedriger als die $\alpha_{5/60}$-Werte und entsprechen α_1- bis α_3-Meßwerten bei 60 min Belastungszeit (vgl. Bilder 12, 13, 14 und 18 von Teil I).

Durch die Verwendung der $\alpha_{0,5}$- und α_{30}-Meßwerte bei 30 min Belastungszeit wird somit ein relativ großer Abschnitt der Knittererholungskurve in der Prüfung berücksichtigt. Daß die Streuung für diese Meßwerte nicht größer ist als bei den bisher üblichen Meßwerten α_5 und α_{60}, war bereits in Abschnitt 1 am Beispiel der 6 PE/Bw-Gewebe gezeigt worden. Ein sehr wesentlicher Vorteil, der besonders für die Einführung der veränderten Prüfbedingungen spricht, ist die Möglichkeit einer beachtlichen Verkürzung der Prüfzeit. Da die Knittererholungsprüfung in der bisherigen Durchführungsweise sehr zeitaufwendig und demzufolge für den Auftraggeber auch relativ teuer war, dürfte eine Rationalisierung dieser Prüfung sehr angebracht sein.

Für die Durchführung der Knittererholungsprüfung unter den veränderten Prüfbedingungen wird ein Zeitplan gemäß Bild 5 vorgeschlagen. Er ist aufgestellt unter der Voraussetzung, daß eine Prüfperson an zwei Meßbänken zugleich arbeitet, und zwar einmal mit $n = 10$ Proben je Meßbank und zum anderen mit $n = 15$ Proben je Meßbank. Die Proben werden in gleichmäßigem Zeitabstand von 1 min belastet und nach 30 min entlastet. Es wird mit zwei Stoppuhren gearbeitet, wobei die eine davon durchläuft und den 1 min-Rhythmus

[3]) Der erste Index meint die Erholungszeit, der zweite die Belastungszeit.

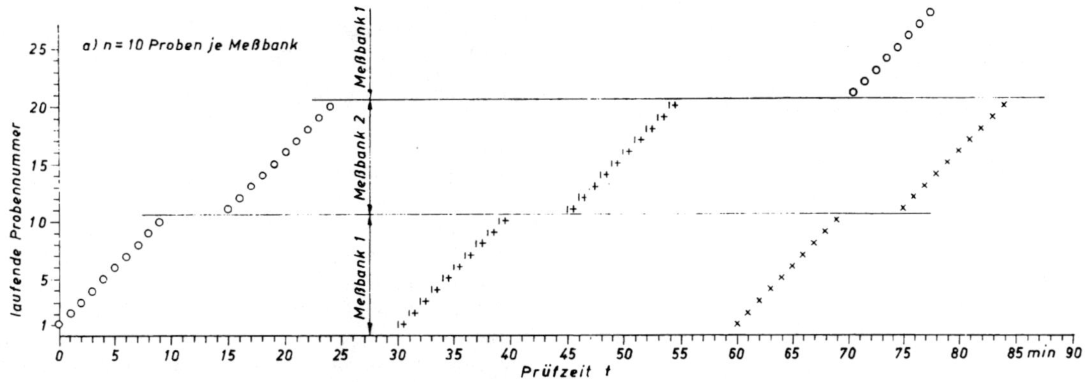

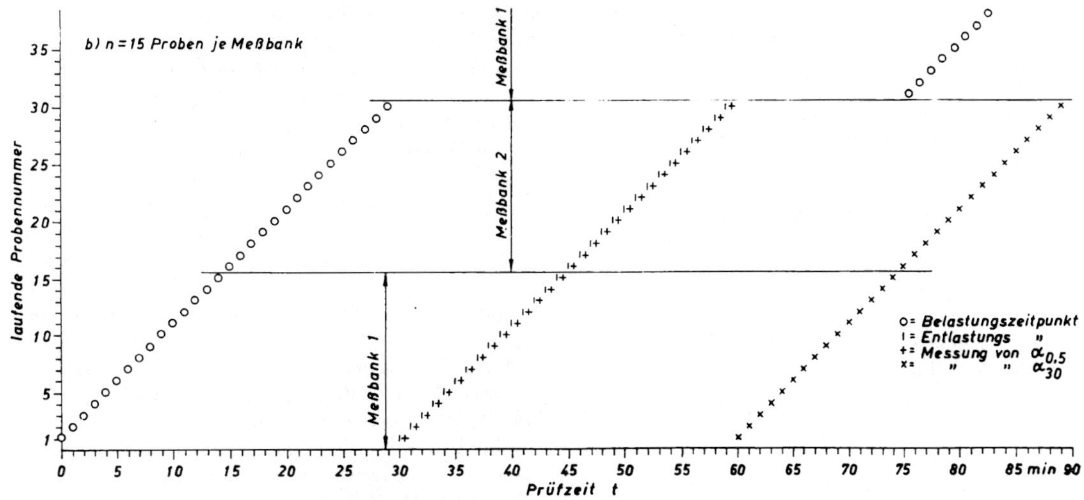

Bild 5. Zeitplan für die Durchführung der Knittererholungsprüfung beim Prüfen an 2 Meßbänken, einer Belastungsdauer von 30 min und Messung von $\alpha_{0,5}$ und α_{30}.

sichern hilft, während die andere bei jeder neu entlasteten Probe jeweils nur bis zur ersten Winkelablesung bei 30 s Erholungszeit ($= \alpha_{0,5}$) mitläuft.

Da bei der Messung von $\alpha_{0,5}$ die nächstfolgende Probe noch belastet ist, wird der Probenabstand auf der Meßbank durch den Radius der Skalenscheiben des Winkelmessers bestimmt. Bei den z. Z. benutzten Meßbänken der Firma Guido Hahn, Grüna/Sa., mit einer Meßbanklänge von 122 cm und einem Durchmesser der Skalenscheiben von 15,2 cm macht sich ein Probenabstand (Teilung von Probenscheitel zu Probenscheitel) von 8 cm erforderlich. Als freie Prüflänge stehen 96 cm zur Verfügung, so daß bei diesem Probenabstand nur 13 Proben je Meßbank unterzubringen sind. Da eine Meßreihe nach DIN 53890 aus jeweils $5 \times 2 = 10$ Proben in Kett- und Schußrichtung besteht, würde man sich daher auf 10 Proben je Meßbank beschränken müssen. Um aber die dem Zeitplan (Bild 5) entsprechenden Möglichkeiten voll auszunutzen und damit die Wirtschaftlichkeit der Prüfungsdurchführung weiter zu verbessern, wäre eine Belegung jeder Meßbank mit 15 Proben nötig. Hierfür würde sich allerdings eine Vergrößerung der Meßbanklänge auf ca. 140 cm bzw., in Zusammenhang mit einigen weiteren Änderungen an der Gestaltung des Winkelmessers, eine Verringerung des Durchmessers der Winkelmesserskalen auf 13 cm erforderlich machen, wodurch ein Probenabstand von 7 cm ermöglicht wird.

Die Verbesserung der Wirtschaftlichkeit der Prüfungsdurchführung wird durch den Vergleich der vorgeschlagenen Prüfmethodik mit anderen Möglichkeiten der Prüfungsdurchführung aufgezeigt. Zum Vergleich stehen folgende Verfahrensweisen.

a) Prüfung gemäß dem vorgeschlagenen Zeitplan in DIN 53890:

1 Meßbank, 60 min Belastungszeit, Messung von α_5 und α_{60}, 20 Proben auf der Meßbank, Aufteilung der Proben in Fünfergruppen mit einem Zeitabstand des Belastungsbeginns von 1 min innerhalb dieser Gruppen und von 15 min zwischen der 1. Probe jeder Gruppe.

Die Prüfzeit beträgt hierbei

$$t_{ges} = n_1 (t_{Bel} + t_{Mess}) + t_{Ausl} = n_1 (60 + 110) = n_1 \cdot 170 \text{ min.}$$

In dieser Formel bedeuten:

n_1 = Anzahl der Durchgänge, d. h. der vollen Belegungen der verwendeten Meßbänke (= Meßserien),

t_{Bel} = Belastungszeit der 1. Probe,

t_{Mess} = Meßzeit von der Entlastung der 1. Probe der 1. Meßbank bis zum Belastungsbeginn der nächsten Meßserie auf derselben Meßbank,

t_{Ausl} = Auslaufzeit für die Proben der 2. Meßbank bei Unterbrechungen bzw. Beendigung der Prüfungen.

b) Prüfung in Anlehnung an den Zeitplan in DIN 53890:

2 Meßbänke, 60 min Belastungszeit, Messung von α_5 und α_{60}, 15 Proben je Meßbank, Aufteilung der Proben in Fünfergruppen mit einem Zeitabstand des Belastungsbeginns von 1 min innerhalb dieser Gruppen und von 10 min zwischen der 1. Probe jeder Gruppe.

$$t_{ges} = n_1(60 + 85) + 29 = (n_1 \cdot 145 + 29) \text{ min.}$$

c) Bestimmung von 3 Meßwerten $\chi_{0,5}$, χ_5 und χ_{60}:

2 Meßbänke, 60 min Belastungszeit, 10 Proben je Meßbank, gleichmäßiger Zeitabstand von 2 min von Probe zu Probe, zwischen der letzten Probe der einen und der ersten Probe der anderen Meßbank 12 min Abstand.

$$t_{ges} = n_1(60 + 79) + 19 = (n_1 \cdot 139 + 19) \text{ min.}$$

d) wie c), jedoch 15 Proben je Meßbank, durchgehend gleichmäßiger Zeitabstand von 2 min von Probe zu Probe.

$$t_{ges} = n_1(60 + 89) + 29 = (n_1 \cdot 149 + 29) \text{ min.}$$

e) neuer Vorschlag: 30 min Belastungszeit, Messung von $\alpha_{0,5}$ und α_{30}, 2 Meßbänke, 10 Proben je Meßbank, gleichmäßiger Zeitabstand von 1 min von Probe zu Probe, zwischen der letzten Probe der einen und der ersten Probe der anderen Meßbank 6 min Abstand (gemäß Zeitplan a in Bild 5).

$$t_{ges} = n_1(30 + 40{,}5) + 13{,}5 = (n_1 \cdot 70{,}5 + 13{,}5) \text{ min.}$$

f) wie e), jedoch 15 Proben je Meßbank, durchgehend gleichmäßiger Zeitabstand von 1 min von Probe zu Probe (gemäß Zeitplan b in Bild 5).

$$t_{ges} = n_1(30 + 45{,}5) + 13{,}5 = (n_1 \cdot 75{,}5 + 13{,}5) \text{ min.}$$

g) wie f), jedoch nur mit einer Meßbank.

$$t_{ges} = n_1(30 + 45) = n_1 \cdot 75 \text{ min.}$$

Die Formeln gelten nur für ganzzahlige n_1-Werte; für Bruchteile davon entnimmt man die erforderliche Prüfzeit Zeitplänen entsprechend Bild 5.

Für den konkreten Fall einer Arbeitszeit von 8 h (480 min) sind die nach den vorgenannten Arbeitsweisen von einer Person prüfbaren Probenzahlen in Tabelle 6 genannt, und zwar einmal unter Berücksichtigung einer Unterbrechung (Mittagspause), zum anderen ohne diese Unterbrechung. Man ersieht daraus das für Routineprüfungen unrationelle Arbeiten mit nur einer Meßbank. Die Erhöhung der an einem Arbeitstag an zwei Meßbänken prüfbaren Probenzahl von $n = 80$ bei Prüfweise b (nach DIN) auf $n = 180$ bei Prüfweise f ist erheblich und dürfte ausschlaggebend für die Bevorzugung der neu vorgeschlagenen Prüfmethodik sein.

4 *Kurze Gegenüberstellung des Meßbankverfahrens nach DIN mit den Prüfverfahren nach Monsanto und Quehl*

Wie sich in Abschnitt 1 gezeigt hatte, ist die Meßwertstreuung bei der Prüfung nach DIN nicht größer als bei der Prüfung nach dem *Monsanto*-Verfahren. Hinsichtlich Reproduzierbarkeit der Meßwerte ist das DIN-Verfahren dem *Monsanto*-Verfahren sogar überlegen, wenn man sich hierbei auf die Versuchsergebnisse in [11] stützt. Das Verfahren nach *Quehl* schneidet in beiderlei Hinsicht am schlechtesten ab.

Der Schwerkrafteinfluß des freien Probenschenkels konnte bei der Prüfung nach DIN nicht mit Sicherheit nachgewiesen werden, zumindest ist er gegenüber der natürlichen Meßwertstreuung vernachlässigbar klein. Einen Schwerkrafteinfluß könnte man eher bei dem schmaleren (15 mm), aber doppelt so langen (20 mm) Schenkel der *Monsanto*-Prüfung bei Abweichungen des Schenkels von der senkrechten Lage, besonders bei der Einführung der entlasteten Probe in den Probenhalter, vermuten.

Von Vorteil ist beim Meßbankverfahren nach DIN, daß Belastung und Entlastung ohne Ortsveränderung der Probe erfolgt und die Probe vom Entlastungszeitpunkt an mechanisch unbeeinflußt bleibt — abgesehen von eventuellen Luftbewegungen und Klimaschwankungen während der Messung, die aber bei anderen Prüfverfahren in gleicher Weise störend wirken. Beim *Monsanto*-Verfahren hingegen ist der Probentransport vom Ort der Belastung zum Meßgerät, das Einführen der entlasteten Probe in den Probenhalter des Meßgeräts sowie die Notwendigkeit eines dauernden Nachstellens der Probenlage, also einer dauernden Probenbewegung, als wenig günstig bzw. als Ursache von subjektiven und objektiven Meßfehlern anzusehen.

Sehr vorteilhaft beim Prüfverfahren nach DIN ist weiterhin die getrennte Meßmöglichkeit für die Vorder- und Hinterkante des Probenschenkels, da teilweise Gewebeproben zu prüfen sind, die in Streifenform stark zum Verwinden neigen, so daß Winkeldifferenzen von 10° bis 12° zwischen Vorder- und Hinterkante auftreten können. Bei Proben mit derartigen Verwindungen dürfte die Messung von nur einer Schenkelkante (wie bei *Monsanto* und *Quehl*) die Angaben von Mittelwert und Meßwertstreuung sehr unsicher gestalten, bzw. die für solche Fälle vorgeschlagene Einstellung des Winkelmessers auf die Mittellinie von Vorder- und Hinterkante dürfte schwierig und subjektiv stark beeinflußbar sein.

Tabelle 6. Anzahl der an einem Arbeitstag von 8 h nach verschiedenen Prüfweisen meßbaren Proben

Prüfweise	Belastungszeit [min]	Meßwerte	Zahl der Meßbänke	Probenzahl n je Meßserie	Prüfung mit einer Pause			Prüfung ohne Pause		
					Zahl der Meßserien n_1	Gesamt-Probenzahl	effektive Prüfzeit [min]	Zahl der Meßserien n_1	Gesamt-Probenzahl	effektive Prüfzeit [min]
a	60	χ_5, χ_{60}	1	20	2,5	50	479	2,5	50	479
b	60	α_5, α_{60}	2	30	2,67	80	473	3	90	464
c	60	$\chi_{0,5}$, χ_5, χ_{60}	2	20	3	60	455	3	60	436
d	60	$\chi_{0,5}$, χ_5, χ_{60}	2	30	2,5	75	475	3	90	476
e	30	$\chi_{0,5}$, χ_{30}	2	20	6	120	450	6	120	436,5
f	30	$\chi_{0,5}$, χ_{30}	2	30	6	180	480	6	180	466,5
g	30	$\chi_{0,5}$, χ_{30}	1	15	6	90	450	6	90	450

Zwar stellen die Prüfverfahren nach *Monsanto* und *Quehl* durch die Anwendung von kurzen Belastungs- und Entlastungszeiten einen Schnelltest dar, was für Routineprüfungen oft erwünscht ist; doch läßt sich auch das Meßbankverfahren mit dem gleichzeitigen Prüfen vieler Proben durchaus rationell gestalten, wie dargelegt worden ist. Das Ergebnis der DIN-Prüfung mit der Angabe je eines Wertes für die Kurzzeit- und die Langzeiterholung ist hingegen wesentlich aussagekräftiger als der eine Meßwert bei *Monsanto* bzw. *Quehl*. Außerdem hatte sich gezeigt, daß bei kurzen Belastungszeiten die Deformationsverhältnisse von Probe zu Probe weniger gut ausgeglichen sind und außerdem auch geringe Abweichungen in der Belastungszeit sich stärker auf Meßwert und Meßwertstreuung auswirken, als dies bei längeren Belastungszeiten der Fall ist.

Infolge der relativ milden Prüfbedingungen bei *Monsanto* und *Quehl* werden die Proben nur mäßig stark deformiert, so daß weniger gut differenzierte Ergebnisse beim Vergleich unterschiedlicher Proben zu erwarten sind. Hierauf weist auch *Swillens* [9, S. 517] hin, der die größere Empfindlichkeit der DIN-Prüfung gegenüber den Prüfverfahren nach *Monsanto* und des Shirley-Institutes auf die intensivere Belastung bei der DIN-Prüfung zurückführt.

Alle diese Überlegungen sprechen zugunsten des Meßbankverfahrens nach DIN, so daß Bestrebungen, bei der Knittererholungsprüfung in Zukunft mehr das *Monsanto*-Verfahren einzusetzen, nicht gerechtfertigt erscheinen.

5 *Zusammenfassung*

Für eine näherungsweise Beschreibung der in Teil I dieser Arbeit gefundenen konkav-konvexen Grundform der Knittererholungskurven $\alpha = f(\lg t)$ erwies sich eine Gleichung der Form

$$\alpha = A \cdot \operatorname{arc\,tg}(\lg t + B) + C$$

als geeignet. Eine Beschreibung der Erholungskurven in der Darstellung $\lg \alpha = f(\lg t)$ durch eine lineare Gleichung ist nicht möglich. Aber auch mit einer quadratischen Gleichung lassen sich nur für einen Teil der textilen Flächengebilde beschränkte Bereiche des Erholungsverlaufs annähern. Für Zwecke der Extrapolation zur Berechnung eines Aufspringwinkels α_0 sind die beiden letztgenannten Gleichungen wegen der andersartigen Kurvencharakteristik abzulehnen.

Es wird vorgeschlagen, auf die zeitaufwendigen Berechnungsversuche eines mehr oder minder unsicheren Aufspringwinkels α_0 zu verzichten und sich auf die Angabe von zwei Meßwerten zu beschränken, die nach möglichst kurzer und möglichst langer Erholungszeit ermittelt werden. Beide Meßwerte stehen als gleichberechtigte Aussagen nebeneinander und informieren einerseits über das kurzzeitige, andererseits über das langzeitige Erholungsvermögen des jeweiligen Probenmaterials. Die Zusammenfassung beider Meßwerte zu einem gemeinsamen Wert erscheint wegen ihres unterschiedlichen Aussageinhaltes nicht erstrebenswert. Auf diese Weise gestaltet sich die Auswertung der Prüfergebnisse wesentlich einfacher und wird frei von den Unsicherheiten, die durch den Näherungscharakter der verwendeten Gleichung und die Meßwertstreuung bei einer weitreichenden Extrapolation verursacht werden.

Für die sich in diesem Zusammenhang erforderlich machende Änderung der Prüfungsdurchführung beim Meßbankverfahren nach DIN wird eine Reduzierung der Belastungsdauer auf 30 min und die Messung der Erholungswinkel $\alpha_{0,5}$ und α_{30} vorgeschlagen. Hierdurch wird zugleich die Prüfungsdurchführung wesentlich rationeller gestaltet.

In Zusammenhang mit einer Erörterung der Fragen der Meßwertstreuung und der Reproduzierbarkeit der Ergebnisse bei der Prüfung der Knittererholung nach DIN 53890, nach *Monsanto* und nach *Quehl* werden einige Vorteile des Meßbankverfahrens nach DIN gegenüber den anderen Prüfverfahren aufgezeigt.

Literatur

[4] *Winkler, F.*, und *Sommer, H.*, Zur Berechnung des Aufspringwinkels bei der Bestimmung des Knittererholungswinkels von textilen Flächengebilden. Faserforsch. u. Textiltechn. **14** (1963) S. 239–249.

[5] *Sommer, H.*, Über die Knittereigenschaften von Geweben. Faserforsch. u. Textiltechn. **2** (1951) S. 467 bis 481.

[7] *Čirlič, J. B.*, Theorie und Praxis der Mischungen von Wolle und Chemiefasern. IV. Der Einfluß des Mischungsverhältnisses auf die Knittererholung von Wolle-Zellwolle-Mischgeweben. Faserforsch. u. Textiltechn. **10** (1959) S. 429–437.

[9] Handbuch der Werkstoffprüfung, 2. Auflage, 5. Band, Die Prüfung der Textilien, Berlin, Springer 1960.

[11] *Fettinger, D.*, *Gutmann, W.*, *Quehl, K.*, *Rümens, W.*, und *Wannow, H.*, Problematik der Knitterwinkelmessung. Melliand Textilber. **40** (1959) S. 670–674.

[12] *Sziraki, B.*, Erfahrungen auf dem Gebiet der Knitterprüfungen von Geweben. Textil- und Faserstofftechn. **6** (1956), S. 533–538.

[13] *Wegener, W.*, Der Knittererholungswinkel in Abhängigkeit von der Zeit und Lage der Knitterfalte. Melliand Textilber. **38** (1957) S. 369–373, 494–498.

Eingegangen am 15. April 1964

Kurze Mitteilungen[1]

Über den Einfluß der Imprägnierung auf die mechanischen Eigenschaften dünner Dialysiertücher

DK 66.064:677.21.064
677.86:546.46–38

1 *Einführung*

Bei der Reinigung der in der Viskoseherstellung anfallenden Preß- oder Sieblauge in Dialysierapparaten vom Typ Cerini werden als Dialysiermembranen Baumwolltücher verwendet. Die Tücher sind gewöhnlich mit Magnesiumsalzen imprägniert. Das erhöht einerseits ihre Lebensdauer, und bei dünneren Geweben, denen ja in letzter Zeit immer größere Aufmerksamkeit geschenkt wird [1, 2, 3], ist die Imprägnierung auch deshalb notwendig, weil die Tücher in nichtimprägniertem Zustande zuviel Hemicellulose durchlassen. Die Imprägnierung wird in den meisten Fällen mit Magnesiumchlorid durchgeführt. Vereinzelt kommt jedoch auch Magnesiumsulfat zur Anwendung [3]. Im Grunde genommen sollte es gleichgültig sein, welches dieser Magnesiumsalze zur Imprägnierung verwendet wird, denn nach dem Einsetzen der Tücher in den Apparat gehen beide Salze durch die Wirkung der Natronlauge in Magnesiumhydroxid über. In der zugänglichen Literatur findet man denn auch keinerlei Angaben, die darauf hinweisen, daß die Eigenschaften der Dialysiertücher von dem zur Imprägnierung verwendeten Magnesiumsalz abhängig sind.

[1]) Die Veröffentlichung der „Kurzen Mitteilungen" erfolgt unter alleiniger Verantwortung der Verfasser.

Unlängst wurden von uns Versuche mit Batistmembranen durchgeführt. Dabei stellten wir fest, daß die Tücher, die vom Hersteller auf normale Weise, d. h. mit Magnesiumchlorid, imprägniert wurden, oft mechanische Beschädigungen aufwiesen. Es handelte sich dabei nicht etwa um Webfehler, sondern um eine nachträgliche Durchlöcherung. Eine Rücksprache mit dem Hersteller ergab dann weiter, daß der imprägnierte Batist beim Verlassen des Trockners sehr spröde war.

Wir haben daraufhin die mechanischen Eigenschaften des mit Magnesiumchlorid imprägnierten Batistes näher untersucht. Bestimmt wurden hauptsächlich die Reiß- und die Biegefestigkeit des Batistes, und das nicht nur in lufttrockenem, sondern auch in darrtrockenem Zustande. Später wurden dann die Versuche noch auf Batist ausgedehnt, der mit Magnesiumsulfat imprägniert war. Die interessantesten Ergebnisse dieser Untersuchungen bilden den Gegenstand vorliegender Mitteilung.

2 *Versuche und Ergebnisse*

Die Versuche wurden mit Batist durchgeführt, der durch folgende Eigenschaften charakterisiert war:

Anzahl der Fäden pro 10 cm:	Kette	444,
	Schuß	370;
Metrische Garnnummer:	Kette	100/2,
	Schuß	60/1;
Bindung		Leinwand;
Masse je Flächeneinheit		160 g/m².

Dieser Batist wurde im Laboratorium verschiedenartig imprägniert. Die Imprägnierung mit Magnesiumchlorid wurde mit einer 80 °C warmen Lösung durchgeführt, die in 1 l 260 g $MgCl_2$ und 1 g Glyzerin enthielt. Bei der Imprägnierung mit Magnesiumsulfat enthielt die Lösung in 1 l 330 g $MgSO_4$ und ebenfalls 1 g Glyzerin. Im imprägnierten Batist wurde anschließend durch komplexometrische Titration der Magnesiumgehalt bestimmt. Der mit Magnesiumchlorid imprägnierte Batist enthielt 12,90% $MgCl_2$, d. h. 3,29% Mg. Der mit Magnesiumsulfat imprägnierte Batist enthielt 17,24% $MgSO_4$, d. h. 3,48% Mg.

Aus dem imprägnierten Batist wurden in Richtung der Kette 20 cm lange Versuchsstreifen herausgeschnitten. Für die Bestimmung der Reißkraft waren die Streifen 5 cm, für die Bestimmung der Dauerbiegezahl 2,5 cm breit. Auf diese Breiten beziehen sich auch die in Tabelle 1 angegebenen Werte. Die Reißkraft wurde mit dem Schopper Festigkeitsprüfer E. M. Gw 250, die Dauerbiegezahl mit dem Schopper Dauerbiegeprüfer DP 15 bei einer Streifenbelastung von 3 kp bestimmt.

Für die Reißkraftbestimmungen in lufttrockenem Zustande wurden die Streifen 24 h lang in einem Raume klimatisiert, in dem eine gleichmäßige Temperatur (23 °C) und eine gleichmäßige relative Luftfeuchtigkeit (65%) herrschte. Im gleichen Raume befanden sich auch die Prüfgeräte. Für die Versuche in darrtrockenem Zustande wurden die Streifen bei 105 °C bis zur Massekonstanz getrocknet. Die darrtrockenen Streifen wurden dann, um eine Feuchtigkeitsaufnahme während der Prüfung so weit wie möglich zu verhindern, in zusammengestauchte Polyäthylendärme eingelegt, und so mit der Folie umhüllt wurden sie auch dem Zugversuch unterworfen.

Außer dem imprägnierten Batist wurde auch eine unbehandelte, d. h. nicht imprägnierte Probe untersucht und weiter noch ein Muster, das nach der Imprägnierung mit $MgCl_2$ bei 105 °C bis zur Massekonstanz getrocknet und aus dem dann das $MgCl_2$ wieder quantitativ mit heißem Wasser ausgewaschen wurde.

Alle Versuche wurden fünfmal wiederholt. Die in Tabelle 1 angeführten Zahlen sind Durchschnittswerte der entsprechenden Einzelmessungen.

Tabelle 1. Festigkeitseigenschaften verschiedenartig behandelter Batistmuster

Muster	Reißkraft [kp]		Dauerbiegezahl [Anzahl Doppelbiegungen]	
	lufttrocken	darrtrocken	lufttrocken	darrtrocken
unbehandelt	92,4	63,6	30000	30000
imprägniert mit $MgCl_2$	92,4	19,0	17000	1
imprägniert mit $MgSO_4$	85,5	49,3	15000	3300
imprägniert mit $MgCl_2$, getrocknet und ausgewaschen	88,0	61,8	30000	30000

3 *Diskussion*

Obwohl die Bestimmung der Reißkraft und der Dauerbiegezahl bei nur einer Belastung kein erschöpfendes Bild von den mechanischen Eigenschaften eines Gewebes geben, geht aus Tabelle 1 doch eindeutig hervor, daß der mit Magnesiumchlorid imprägnierte Batist in darrtrockenem Zustande außergewöhnlich spröde ist. Wirklich genügt es auch, den trockenen Batist zu falten, und an der Faltstelle bricht er auseinander. Zu diesem Bruche kommt es nicht nur beim Falten in Richtung der Kette oder des Schusses, sondern beim Falten in jeder beliebigen Richtung. Auch durch Andrücken eines stumpfen Gegenstandes wird der trockene Batist leicht durchlöchert. Der Festigkeitsverlust ist dabei nicht etwa durch eine chemische Beschädigung der Baumwolle verursacht, denn das Muster, aus dem das Magnesiumchlorid nach der Trocknung wieder ausgewaschen wurde, besitzt die gleichen Festigkeitswerte wie das unbehandelte Muster. Das darf als ein Beweis dafür angesehen werden, daß die Ursache der Sprödigkeit das Magnesiumchlorid ist, das während des Trocknens auskristallisiert und dessen Kristalle beim Falten oder Anspannen des Gewebes die feinen Fasern der Baumwolle beschädigen. Die Kristalle des Magnesiumsulfates sind in dieser Hinsicht nicht so gefährlich. Der mit Magnesiumsulfat imprägnierte Batist hat zwar in darrtrockenem Zustande ebenfalls eine niedrigere Dauerbiegezahl, jedoch liegen die Werte hier bedeutend höher als bei den Mustern, die mit Magnesiumchlorid imprägniert sind.

Für die Praxis ergeben sich aus diesen Versuchen einige wichtige Folgerungen. Hauptsächlich kann gesagt werden, daß bei der Herstellung dünner Dialysiertücher der Trocknung große Aufmerksamkeit gewidmet werden muß. Wird zur Imprägnierung Magnesiumchlorid verwendet, so muß die Trocknung vorsichtig und möglichst bei niedrigen Temperaturen durchgeführt werden. Jedes zu scharfe Trocknen erhöht die Gefahr einer mechanischen Beschädigung des Gewebes während oder kurz nach der Trocknung. Kann aus betrieblichen Gründen die Einhaltung milder Bedingungen bei der Trocknung nicht garantiert werden, ist es besser, die Imprägnierung mit Magnesiumsulfat durchzuführen.

Literatur

[1] *Lev, E. M.*, Naučno-issled. Trudy VNIIV Moskva (Wiss. Forschungsarb. Inst. Kunstfasern) **1** (1951) S. 74.

[2] *Rogovin, S. A.*, Chemiefasern. Leipzig: Fachbuchverlag 1960, S. 226

[3] *Sokolowski, J.*, u. Mitarb., PoP 42594 (1959).

Elena Berndtová, Wolfgang Berndt und *Zdenko Blače*
Spolana n. p., Neratovice, ČSSR

Eingegangen am 22. Mai 1964

Neue Bücher

Synthetische Fasern aus Polyamiden. Technologie und Chemie. Von *H. Klare, E. Fritzsche* und *V. Gröbe.* XII, 540 S. mit 317 Abb. u. 34 Tab. gr. 8°. Berlin: Akademie-Verlag 1963. Gzlwd. DM 63,—.

Wenn bereits das 1954 erschienene Buch von *H. Klare* „Technologie und Chemie der synthetischen Fasern aus Polyamiden" internationale Anerkennung gefunden hat, so dürfte die stark erweiterte Neufassung des Jahres 1963 von *H. Klare, E. Fritzsche* und *V. Gröbe* noch weit mehr interessierte und begeisterte Leser finden und als das Standardwerk für die Polyamidfaser-Chemie und -Technologie gelten.

Einen großen Raum im Buch — gewissermaßen als zentrales Problem — nimmt der Teil „Polykondensation von Kaprolaktam" ein. Zweifellos liegen gerade auf diesem Gebiet die interessantesten Probleme der Polyamid-Produktion. Wissenschaftlich, technisch und technologisch werden hier die verschiedenen Verfahren (VK-Rohr-Verfahren, Schnellpolymerisation, Druckpolymerisation usw.) ausführlich abgehandelt. Ob allerdings die kritische Wertung der beschriebenen zahlreichen VK-Rohr-Typen bei den Fachleuten in Anbetracht der noch nicht ganz geklärten Problematik ungeteilte Zustimmung findet, bleibt dahingestellt. Bei richtiger Fahrweise sind sicherlich, wie auch die Praxis gezeigt hat, viele VK-Rohr-Typen gleich gut geeignet. Ein Unterschied zwischen VK-Rohren für Seide und solchen für Stapelfaser sollte nicht gemacht werden.

Während der Abschnitt „Polykondensation" vorzugsweise zentral behandelt ist, wird diese Betrachtungsweise bei dem Teil „Spinnerei" ganz aufgegeben. Auf Spinnereiprobleme wird einerseits im Kapitel „Seide", andererseits im Kapitel „Stapelfaser" ausführlich eingegangen, wodurch Überschneidungen — vom Verfasser im Vorwort begründet — unvermeidlich werden, der Wert dieser so überaus mühevollen Arbeit aber keineswegs gemindert wird.

Abweichend von der 1. Auflage werden die Kapitel über den Reaktionsmechanismus der Kaprolaktamkondensation und besonders über die Technologie der Polykaproamid-Stapelfaserproduktion ganz ausführlich abgehandelt, wobei auch kurz auf neuere Technologien, VK-Vakuumverfahren und VK-Dampfverfahren, bei denen Polyamid-Schmelzen mit 2 bis 4% wasserlöslichen Anteilen anstelle von 10% erhalten werden, eingegangen wird. Der buchtechnischen Ausstattung, den zahlreichen ausgezeichneten Abbildungen und Tabellen ist höchste Anerkennung zu zollen.

Zusammenfassend darf gesagt werden, daß dieses Werk der Polyamidfaser-Chemie und -Technologie von *H. Klare* und Mitarbeitern allen, die sich auf diesem Gebiet betätigen möchten bzw. betätigen, allen, die Polyamidfaser-Anlagen projektieren, konstruieren oder betreiben, aber auch allen, die im Hörsaal, Laboratorium oder Büro sich für Polyamidfasern interessieren, als das derzeitige Standardwerk wärmstens empfohlen werden kann. *H. Ludewig*

Patentschau

Auszug aus Lieferung 13/14/1964 der Patentschau „Faserstoffe und Textiltechnik", Ausgabe A: Faserstoffe einschl. Kunststoffe und organ. Grundsubstanzen, zusammengestellt von der Abteilung Wissenschaftliches Berichtswesen des Instituts für Faserstoff-Forschung der DAW, Teltow-Seehof, Kantstr. 55

Die Patentschau ist nach der deutschen Patentklasseneinteilung gegliedert. Es bedeuten: DDP — DDR-Patent; DBP = Deutsches Bundespatent; DAS = (West)-Deutsche Auslegeschrift; OeP = Österreichisches Patent; PoP = Polnisches Patent; SzP = Schweizer Patent; FrP = Französisches Patent; GBP = Britisches Patent; SvP = Schwedisches Patent; SUP = Sowjetisches Patent; ČSP = Tschechisches Patent; USP = Amerikanisches Patent; — A = Anmelde-, B = Bekanntmachungs-, E = Erteilungsdatum.

Klasse 29a

DAS 1166971. Vorrichtung zur Herstellung eines frisch gesponnenen Viskose-Kunstseidenfadens mit wechselndem Titer. Erf.: *H. A. Schrenk* u. *P. van Dijk.* Anm.: N. V. Onderzoekingsinstituut Research. Arnheim (Nd). A. 6. 7. 54. B. 2. 4. 64. Kl.: 29a, 6/06. A.-Z.: N 9156, Prior.: 4. 9. 53 (Nd; A.-Z.: 181141).

SvP 183585. Verfahren zur Herstellung von faserförmigem Material aus Extrusionsprodukten hochmolekularer Stoffe. Inh.: O.-B. Rasmussen, Birkerod (Da). A. 26. 5. 55, E. 7. 5. 63. Kl.: 29a, 6/06, Prior.: 29. 5. 54 (Da).

USP 3017740. Verfahren zum Spinnen eines weichen elastischen Seelengarns. Erf.: *Ch. R. Humphreys.* Inh.: E. I. du Pont de Nemours & Co., Wilmington, Del. A. 24. 12. 58, E. 23. 1. 62. Kl.: 57—163, 10 Anspr. A.-Z.: 782742.

USP 3127731. Plastisches Seelengarn. Erf.: *A. G. McKinnon.* Inh.: United States Rubber Co., New York, N. Y. A. 6. 9. 62, E. 7. 4. 64. Kl.: 57—152, 20 Anspr., A.-Z.: 223289.

USP 3125846. Vorrichtung zur Fadenbehandlung und Verfahren zum Fadeneinzug. Erf.: *P. K. Noordenbos.* Inh.: American Enka Corp., Enka, N. C. A. 14. 10. 59, E. 24. 3. 64. Kl.: 57—55,5, 2 Anspr. A.-Z.: 846472. Prior.: 24. 10. 58 (Nd).

USP 3125793. Verschlingung von Seide durch mehrfache Nutzung eines unter Druck stehenden Gases. Erf.: *C. J. Gonsalves.* Inh.: American Enka, Corp., Enka, N. C. A. 20. 8. 62, E. 24. 3. 64. Kl.: 28—1, 15 Anspr. A.-Z.: 217847. Prior.: 28. 9. 61 (Nd).

DAS 1168011. Spinndüse. Erf.: *F. Hildebrandt.* Anm.: Spinnfaser AG, Kassel-Bettenhausen. A. 23. 2. 55. B. 16. 4. 64. Kl.: 29a, 6/10. A.-Z.: S 42798.

DAS 1168603 Zus. z. Pat. 1047984. Spinnkopf zur Erzeugung von zusammengesetzten künstlichen Fäden oder Hohlfäden. Erf.: *H.-J. Dietzsch* u. *O. Dietzsch.* Anm.: Trikotfabriken J. Schiesser AG, Radolfzell (Bodensee). A. 8. 3. 55, B. 23. 4. 64. Kl.: 29a, 6/10. A.-Z.: T 10664.

DAS 1169076. Vorrichtung zur gleichmäßigen Erwärmung der Viskose im Spinnrohr. Erf.: *H. Elling, R. Elssner* u. *G. Hanke.* Anm.: Vereinigte Glanzstoff-Fabriken, Wuppertal-Elberfeld. A. 7. 1. 59, B. 30. 4. 64. Kl.: 29a, 6/10. A.-Z.: V 15703, entspr. SzP 374144.

DAS 1169609 Zus. z. Pat. 1047984. Verfahren zur Herstellung eines Spinnrohraggregats. Erf.: *H.-J. Dietzsch* u. *O. Dietzsch.* Anm.: Trikotfabriken J. Schiesser AG, Radolfzell (Bodensee). A. 8. 3. 55, B. 6. 5. 64. Kl.: 29a, 6/10. A.-Z.: T 20539.

USP 3017664. Faserbildende Düse und ein Verfahren zur Herstellung von Fasern. Inh.: Rolf K. Ladisch, 255 Windermere Ave., Landsdowne, Pa. A. 1. 8. 57, E. 23. 1. 62. Kl.: 18—2,5, 12 Anspr. A.-Z.: 675710.

DAS 1170108. Vorrichtung zur Verminderung des Luftdurchsatzes von Viskosespinnzentrifugen. Erf.: *W. Vollmer.* Anm.: Metallgesellschaft AG, Frankfurt/M. A. 22. 9. 60. B. 14. 5. 64. Kl.: 29a, 3/14. A.-Z.: M 46632.

DAS 1169078. Stauchkräuselvorrichtung für laufende thermoplastische Fäden. Erf.: *J. W. I. Heynis* u. *C. J. Gonsalves.* Anm.: Onderzoekingsinstituut Research, Arnheim (Nd). A. 30. 3. 57, B. 30. 4. 64. Kl.: 29a, 6/20. A.-Z.: N 13478. Prior.: 24. 5. 56 (Nd; A.-Z.: 207405).

SzP 377039. Falschzwirnvorrichtung mit Friktionsdrallgeber zum Kräuseln von Textilgarnen. Erf.: *O. Meili* u. *J. Raschle.* Inh.: Heberlein & Co. AG, Wattwil. A. 28. 11. 59. E. 15. 5. 64. Kl.: 29a, 6/20. A.-Z.: 81232/59.

SzP 377477. Verfahren zur Herstellung unregelmäßig gekräuselter Kunstfasern. Erf. u. Inh.: *Kikuichi Tsutsumi*, 2. No. 31, 5-Chome Yamasakacho, Higashisumiyoshi-Ku, Osaka-Shi (Ja). 2. 2. 60/31. 1. 64/30. 5. 64. Kl.: 29a, 6/20. A.-Z.: 1125/60.

FrP 1356586. Verfahren zur Herstellung von Bauschgarnen und Vorrichtung für seine Durchführung. Inh.: Giudici Davide & Figli; u. Boselli, M. A. 30. 4. 63, E. 17. 2. 64. Int. Kl.: D 01d; D 02d; D 06m. A.-Z.: 43598, Rhône. Prior.: 11. 5. 62 (It; A.-Z.: 9459/62).

FrP 1359880 (Aj.). Neue Vorrichtung zur Herstellung gekräuselter Fäden. Inh.: CTA Compagnie Industrielle de Textiles Artificiels et Synthétiques. A. 22. 3. 63, E. 23. 3. 64. Int. Kl.: D 01d. A.-Z.: 928925.

USP 3116588 Zus. z. Pat. m. A.-Z.: 754912. Verfahren zur Herstellung von Garn mit stabiler entgegengesetzter Drehung. Erf.: *A. L. Breen* u. *M. V. Sussman.* Inh.: E. I. du Pont de Nemours & Co., Wilmington, Del. A. 14. 3. 61. E. 7. 1. 64. Kl.: 57—157, 8 Anspr. A.-Z.: 97408.

USP 3116589. Verfahren zur Bildung eines Noppengarnes. Erf.: *J. L. Edwards, E. I. Rhoden* u. *P. T. Scott.* Inh.: E. I. du Pont de Nemours & Co., Wilmington, Del. A. 21. 12. 61, E. 7. 1. 64. Kl.: 57—157, 7 Anspr. A.-Z.: 161221.

USP 3017737. Verfahren und Vorrichtung zur Herstellung von Bauschgarn aus Endlosfäden. Erf.: *A. L. Breen.* Inh.: E. I. du Pont de Nemours & Co. A. 25. 6. 58, E. 23. 1. 62. Kl.: 57—34, 6 Anspr. A.-Z.: 744592.

USP 3121935. Vorrichtung und Verfahren zur Herstellung neuer stauchgekräuselter Garne. Erf.: *E. H. Shattuck* u. *P. W. Langway.* Inh.: Joseph Bancroft & Sons Co., Wilmington, Del. A. 30. 6. 61, E. 25. 2. 64. Kl.: 28—1, 5 Anspr. A.-Z.: 121022.

USP 3127729. Verfahren und Vorrichtung zur Herstellung von Bauschgarn. Erf.: *W. I. Head.* Inh.: Eastman Kodak Co., Rochester, N. Y. A. 29. 4. 59, E. 7. 4. 64. Kl.: 57—34, 7 Anspr. A.-Z.: 809689.

USP 3126434. Dämpfung der Oberflächenbewegung des Abschreckbades beim Schmelzspinnverfahren. Erf.: *J. C. Berger jr.* Inh.: Avisun Corp., Philadelphia, Pa. A. 24. 7. 61. E. 24. 3. 64. Kl.: 264 – 178, 6 Anspr. A.-Z.: 126042.

DAS 1166972. Vorrichtung zum Schmelzspinnen von künstlichen Fäden. Erf.: *E. H. Boasson.* Anm.: N. V. Onderzoekingsinstituut Research. Arnheim (Nd). A. 8. 4. 59, B. 2. 4. 64. Kl.: 29a, 6/31. A.-Z.: N 16521. Prior.: 7. 5. 58 (Nd; A.-Z.: 227597).

DAS 1167482. Schmelzspinnvorrichtung für organische Stoffe. Erf.: *K. Hoshino. K. Noishiki* u. *K. Kitamura.* Anm.: Toyo Rayon Co. Ltd., Tokyo (Ja). A. 23. 9. 54, B. 9. 4. 64. Kl.: 29a, 6/31. A.-Z.: T 10008. Prior.: 31. 5. 50 (Ja; A.-Z.: 7104).

Klasse 29b

ČSP 111051. Verfahren zum Naßverspinnen von Bastfasern. Erf.: *J. Kalác.* 24. 5. 62/15. 12. 63/15. 5. 64. Kl.: 29b, 5/01. A.-Z.: 3158/62.

DAS 1168012. Verfahren zur Herstellung von zusammenhängenden Asbestfasergebilden. Erf.: *W. Wilke* u. *H. Fetzer.* Anm.: Rex Asbestwerke Graf von Rex KG, Schwäbisch Hall. A. 31. 7. 56, E. 16. 4. 64. Kl.: 29b 3/18. A.-Z.: R 19354.

USP 3016305 Zus. z. Pat. m. A.-Z.: 584147. Herstellung von geformten Artikeln aus Viskose mit starkem Mantel bzw. Vollmantel. Erf.: *H. L. Vosters.* Inh.: Kunstzijdespinnerij Nyma N. V. Nijmegen (Nd). A. 22. 12. 58, E. 9. 1. 62. Kl.: 106 – 165, 6 Anspr. A.-Z.: 781851.

USP 3018158. Viskoseverfahren. Erf.: *R. L. Mitchell. J. W. Berry* u. *W. H. Wadman.* Inh.: Rayonier Inc., Shelton, Wash. A. 5. 5. 59, E. 23. 1. 62. Kl.: 18 – 54, 5 Anspr. A.-Z.: 811044.

DAS 1169611. Verfahren zur Herstellung von Fäden aus polymerisiertem Caprolactam. Erf.: *H. J. Zimmer.* Anm.: Zimmer, Hans J., Verfahrenstechnik, Frankfurt/M. A. 27. 11. 56, B. 6. 5. 64. Kl.: 29b, 3/60. A.-Z.: Z 5889.

FrP 1360095. Verfahren zur Herstellung eines Einzelfadens aus Polyester. Inh.: Teijin Ltd. A. 7. 6. 63, E. 23. 3. 64. Int. Kl.: D 01f. A.-Z.: 937393. Prior.: 7. 6. 62 (Ja; A.-Z.: 22899/1962).

SvP 183447. Verfahren zur Herstellung von Garn aus Acrylnitril-Polymeren und Copolymeren. Erf. u. Inh.: *M. Taniyama, M. Hatano* u. *M. Yoshida.* Itano-Gun (Ja). A. 10. 8. 61, E. 30. 4. 63. Kl.: 29b, 3/65. Prior.: 11. 8. 60 (Ja).

SUP 161870 (Urheberschein). Verfahren zur Herstellung von Polyacrylnitrilfaser. Erf.: *R. A. Polatorskaja, E. A. Pakšver, N. M. Beder* u. *M. N. Gorelyšera.* Anm.: Allunions-Forschungsinstitut für Synthesefasern. A. 16. 4. 63, B. 1. 4. 64. Kl.: 29b, 3/65. A.-Z.: 831416/23 – 4.

USP 3018157 Verfahren zur Herstellung gleichmäßig anfärbbarer Polyacrylnitrilfäden durch Wärmeverstreckung wasserbenetzter Fäden. Erf.: *F. J. Korarik* u. *E. C. Latschar.* Inh.: E. I. du Pont de Nemours & Co., Wilmington, Del. A. 28. 10. 54, E. 23. 1. 62. Kl.: 18 – 54, 6 Anspr. A.-Z.: 465355.

USP 3032384. Herstellung von fadenförmigem Material. Erf.: *J. L. Riley* u. *Ch. E. Kip.* Inh.: Celanese Corp. of America, New York, N. Y. A. 28. 1. 58, E. 1. 5. 62. Kl.: 18 – 54, 17 Anspr. A.-Z.: 711647.

USP 3032385. Naßspinnen von Polyvinylalkohol. Erf.: *T. Osugi, K. Tanabe* u. *T. Mochizuki.* Inh.: Air Reduction Co. Inc., New York, N. Y. u. Kurashiki Rayon Co. Ltd., Okayama Prefecture (Ja). A. 3. 4. 59, E. 1. 5. 62. Kl.: 18 – 54, 6 Anspr. A.-Z.: 803851. Prior.: 12. 4. 58 (Ja).

USP 3121765. Verfahren zur Herstellung synthetischer Acrylfasern. Erf.: *I. Kanda, M. Nakajima* u. *M. Amiya.* Inh.: Toho Rayon Kabushiki Kaisha, Tokyo (Ja). A. 18. 9. 61, E. 18. 2. 64. Kl.: 264 – 182, 4 Anspr. A.-Z.: 138581. Prior.: 24. 9. 60 (Ja).

FrP 1356631. Verfahren zur Behandlung von Fasern aus Polypropylen und Polyestern. Inh.: Tokai Seiyu Kogyo Co. Ltd. A. 9. 5. 63, E. 17. 2. 64. Int. Kl.: D 06m. A.-Z.: 934221. Prior.: 10. 5. 62; 12. 6. 62; 25. 6. 62; 7. 7. 62 (Ja; A.-Z.: 18973/1962; 24199/1962; 26456/1962; 28412/1962).

USP 3031734. Kräuselverfahren. Erf.: *H. J. Pike jr.* Inh.: Allied Chemical Corp., New York, N. Y. A. 4. 5. 60, E. 1. 5. 62. Kl.: 28 – 72, 2 Anspr. A.-Z.: 26702.

USP 3032549. Licht- und wärmebeständige Cellulose und Verfahren zur Herstellung. Erf.: *R. L. Mitchell.* Inh.: Rayonier Inc., Shelton, Wash. A. 26. 10. 59, E. 1. 5. 62. Kl.: 260 – 212, 3 Anspr. A.-Z.: 848507.

USP 3121278. Herstellung von gleichförmigen pillingresistenten Polyamidfasern. Erf.: *I. G. Epstein.* Inh.: E. I. du Pont de Nemours and Co., Wilmington, Del. A. 23. 3. 62, E. 18. 2. 64. Kl.: 28 – 76, 7 Anspr. A.-Z.: 182084.

USP 3121607. Herstellung von Polyvinylalkoholkörpern mit verbesserter Anfärbbarkeit. Erf.: *Y. Ohno* u. *K. Tanabe.* Inh.: Kurashiki Rayon Co., Ltd., Okayama Prefecture (Ja); u. Air Reduction Co. Inc., New York, N. Y. A. 9. 7. 59, E. 18. 2. 64. Kl.: 8 – 115,5, 11 Anspr. A.-Z.: 825882. Prior.: 14. 7. 58 (Ja).

USP 3122443. Verfahren zur Verhinderung der Kohäsion zwischen Acrylnitrilpolymer-Fasern mit bestimmten Pentandiolen. Erf.: *W. M. Blankenship* u. *J. R. Worley.* Inh.: The Dow Chemical Co., Midland, Mich. A. 22. 9. 60, E. 25. 2. 64. Kl.: 117 – 7, 11 Anspr. A.-Z.: 57625.

USP 3122816. Vertahren zur Herstellung von Noppenseide. Erf.: *E. I. Rhoden.* Inh.: E. I. du Pont de Nemours & Co., Wilmington, Del. A. 11. 7. 62, E. 3. 3. 64. Kl.: 28 – 72, 7 Anspr. A.-Z.: 209813.

USP 3123434. Textilfasern aus einem antistatischen Pfropfcopolymerisat aus Acrylnitrilpolymeren und spezifischen Vinylsulfonsäuren oder wasserlöslichen Salzen derselben. Erf.: *R. N. Blomberg.* Inh.: E. I. du Pont de Nemours & Co., Wilmington, Del. A. 12. 12. 55, E. 3. 3. 64. Kl.: 8 – 115,5, 5 Anspr. A.-Z.: 552659.

USP 3123656. Verfahren zur Endformgebung von Schaumstoff. Erf.: *M. Rochlin.* Inh.: Foamed Industries, Oak Park, Mich. A. 9. 2. 62, E. 3. 3. 64. Kl.: 264 – 321, 1 Anspr. A.-Z.: 172263.

USP 3125848 Zus. z. Pat. m. A.-Z.: 620957. Garn- und Gewebeerzeugnis und Verfahren zu seiner Herstellung. Erf.: *M. Baebler.* Inh.: Heberlein Patent Corp., New York, N. Y. A. 27. 12. 62, E. 24. 3. 64. Kl.: 57 – 140, 24 Anspr. A.-Z.: 248841.

USP 3127732. Verfahren zur Herstellung von texturierten Hochstretch-Baumwoll-Bauschgarnen. Erf.: *J. J. Brown* u. *G. F. Ruppenicker jr.* Inh.: United States of America, Secretary of Agriculture. A. 18. 9. 61, E. 7. 4. 64. Kl.: 57 – 164, 8 Anspr. A.-Z.: 139005.

USP 3128147. Verfahren zur Behandlung von Polynosefasern und danach erhaltene Produkte. Erf.: *R. S. Kenyon* u. *F. W. Taylor.* Inh.: Courtaulds Ltd., London (GB). A. 18. 11. 60, E. 7. 4. 64. Kl.: 8 – 116, 8 Anspr. A.-Z.: 70247.

Klasse 39c

DAS 1167021. Vorrichtung zur Polykondensation polyamidbildender Verbindungen. Erf.: *H. Indest.* Anm.: Vereinigte Glanzstoff-Fabriken AG, Wuppertal-Elberfeld. A. 6. 9. 62, B. 2. 4. 64. Kl.: 39c, 10. A.-Z.: V 22989.

SUP 161914 (Urheberschein). Verfahren zur Herstellung von Erzeugnissen aus Caprolactam. Erf.: *K. N. Vlasora, N. I. Antropora, G. I. Parlora, L. M. Pesin, G. V. Sagalaer* u. *M. P. Šapenkor.* A. 10. 3. 62, B. 1. 4. 64. Kl.: 39c, 10. A.-Z.: 768693/23 – 4.

USP 3018273. Verfahren zur Polymerisation für höhere Lactame. Erf.: *J. M. Butler. R. M. Hedrick* u. *E. H. Mottus.* Inh.: Monsanto Chemical Co., St. Louis, Mo. A. 21. 4. 58, E. 23. 1. 62. Kl.: 260 – 78, 18 Anspr. A.-Z.: 729509.

USP 3126362. Synthetische lineare Polyamide von 2.5-Dimethyl-p-phenylendiessigsäure. Erf.: *J. Bussink.* Inh.: American Enka Corp., Enka N. C. A. 9. 5. 60, E. 24. 3. 64. Kl.: 260 – 78, 5 Anspr. A.-Z.: 27519. Prior.: 2. 6. 59 (Nd).

USP 3016367. Polymerisation von Pyrrolidon und Piperidon unter Anwendung N.N-disubstituierter Sulfonamide als Kettenstartmittel. Erf.: *S. A. Glickman* u. *E. S. Miller.* Inh.: General Aniline & Film Corp., New York, N. Y. A. 4. 4. 58, E. 9. 1. 62. Kl.: 260 – 78, 6 Anspr. A.-Z.: 726334.

USP 3016370 Zus. z. Pat. m. A.-Z.: 499499. Vinylpyrrolidon/Styrol-Blockpolymere. Erf.: *J. W. Breitenbach* u. *H. Edelhauser.* Inh.: W. R. Grace & Co. A. 1. 2. 60, E. 9. 1. 62. Kl.: 260 – 88,1, 1 Anspr. A.-Z.: 10529.

DAS 1167025. Verfahren zur Herstellung ungesättigter. Reste tricyclischer Alkohole enthaltender Polyester. Erf.: *O. Horn* u. *J. Winter.* Anm.: Farbwerke Hoechst AG vorm. Meister Lucius & Brüning, Frankfurt/M. A. 5. 12. 56. B. 2. 4. 64. Kl.: 39c, 16. A.-Z.: F 21850.

DAS 1167026. Verfahren zur Gewinnung von pulver- bzw. kornförmigen hochmolekularen Polycarbonaten. Erf.: *B. P. Jibben.* Anm.: N. V. Onderzoekingsinstituut Research, Arnheim (Nd). A. 10. 4. 59, B. 2. 4. 64. Kl.: 39c, 16. A.-Z.: N 16532; 19. 5. 58; 27. 8. 58 (Nd; A.-Z.: 227906; 230893).

DAS 1170143. Verfahren zur Herstellung ungesättigter Polyester. Erf.: *H. Sauer* u. *E. Kob.* Anm.: Rütgerswerke-AG, Frankfurt/M. A. 24. 8. 61, B. 14. 5. 64. Kl.: 39b, 16. A.-Z.: R 30981, entspr. GBP 944499.

FrP 1358012. Verfahren zur Herstellung von Polycarbonaten durch Grenzflächenpolykondensation und erhaltene Polycarbonate. Erf.: *N. Ungurean T. Simionescu. G. Valulescu, G. D. Suciu* u. *N. Barbu.* Inh.: Ministerul Industriei Petrolului si Chimiei. A. 22. 5. 63, E. 2. 3. 64, Int. Kl.: C 08g. A.-Z.: 935693.

DBP 1065176. Verfahren zur Herstellung von Polyvinylalkohol. Erf.: *W. Ehmann, A. Kühlkamp.* Anm.: Farbwerke Hoechst AG vorm. Meister Lucius & Brüning, Frankfurt/M. 29. 3. 58/10. 9. 59/11. 2. 60. Kl.: 39c, 25/01. A.-Z.: F 25375, entspr. SzP 376273.

DAS 1168082. Verfahren zur Polymerisation von Äthylen. Erf.: *C. J. Benning.* Anm.: W. R. Grace & Co., New York, N. Y. (US). A. 6. 5. 60, B. 16. 4. 64. Kl.: 39c, 25/01. A.-Z.: G 29621.

DAS 1169134. Verfahren zur Polymerisation von α-Methylstyrol oder dessen am Kern substituierten Derivaten. Erf.: *H. Sauer* u. *E. Kob.* Anm.: Rütgerswerke AG, Frankfurt/M. A. 18. 1. 63, B. 30. 4. 64. Kl.: 39c, 25/01. A.-Z.: R 34273.

DAS 1169667. Verfahren zur Herstellung von Mischpolymerisaten durch Polymerisation von Styrol mit Polyestern. Erf.: *H. Osterhoff.* Anm.: Chemische Werke Hüls AG, Marl (Kr. Recklinghausen). A. 23. 5. 61, B. 6. 5. 64. Kl.: 39c, 25/01. A.-Z.: C 24181.

DAS 1169668. Verfahren zur Polymerisation von Vinylhalogeniden. Erf.: *W. Trautvetter.* Anm.: Dynamit Nobel AG, Troisdorf (Bez. Köln). A. 7. 7. 60, B. 6. 5. 64. Kl.: 39c, 25/01. A.-Z.: D 33733.

FrP 1357679 (Aj.). Verfahren zur Herstellung von Polymeren und Copolymeren von Phenylacrylsäureestern. Inh.: Cie de Saint-Gobain. A. 13. 2. 63, E. 2. 3. 64. Int. Kl.: C 08f. A.-Z.: 924661.

GBP 950910. Polymerisation von α-Monoolefinen. Inh.: Montecatini Soc. Gen. per l'Industria Mineraria e Chimica. A. 19. 11. 62, E. 26. 2. 64. Kl.: C3.P. Int. Kl.: C 08f. A.-Z.: 43684/62. Prior.: 22. 11. 61 (It; A.-Z.: 20997).

GBP 951022. Endomethylenecopolymere. Inh. Montecatini Soc. Gen. per l'Industria Mineraria e Chimica. A. 24. 4. 62, E. 4. 3. 64. Kl.: C3.P. Int. Kl.: C 08f. A.-Z.: 15554/62. Prior.: 26. 4. 61 (It; A.-Z.: 7680).

GBP 951576. Polymerisation von Styrol. Inh.: W. R. Grace & Co. A. 24. 10. 62, E. 4. 3. 64. Kl.: C3.P. Int. Kl.: C 08f. A.-Z.: 40317/62.

USP 3015653. Terpolymere aus Maleinsäureanhydrid, Styrol und Acrylnitril. Erf.: *R. G., Richards* u. *E. R. Osgood.* Inh.: Diamond Alkali Co., Cleveland, Ohio. A. 6. 1. 58, E. 2. 1. 62. Kl.: 260 – 78.5, 25 Anspr. A.-Z.: 707420.

USP 3018276. Verfahren zur Polymerisation für Chlortrifluoräthylen und Mischungen desselben mit Vinylidenfluorid. Erf.: *S. Bandes.* Inh.: Allied Chemical Corp. A. 3. 10. 56, E. 23. 1. 62. Kl.: 260 – 87.7, 9 Anspr. A.-Z.: 613612.

USP 3032542. Anionische Polymerisation von Vinylidenverbindungen. Erf.: *W. E. Goode.* Inh.: Rohm & Haas Co., Philadelphia, Pa. A. 11. 4. 57. E. 1. 5. 62. Kl.: 260 – 98.5, 11 Anspr. A.-Z.: 652102.

USP 3032543. Polymerisation des Tetrafluoräthylens. Erf.: *M. I. Bro* u. *R. C. Schreyer.* Inh.: E. I. du Pont de Nemours & Co., Wilmington, Del. A. 4. 2. 59, E. 1. 5. 62. K.: 260 – 92. 1, 4 Anspr., A.-Z.: 791038.

USP 3128266. Polymerisation von Äthylen. Erf.: *D. H. Antonsen* u. *R. S. Stearns.* Inh.: Sun Oil Co., Philadelphia, Pa. A. 23. 12. 60, E. 7. 4. 64. Kl.: 260 – 94,9, 4 Anspr. A.-Z.: 78095.

Klasse 42k, 50

USP 3015230 Reißfestigkeitsprüfgerät für nasse Bahnen. Erf.: *D. N. Obenshain.* Inh.: West Virginia Pulp and Paper Co., New York, N. Y. A. 5. 11. 57, E. 2. 1. 62. Kl.: 73 – 89, 8 Anspr. A.-Z.: 694558.

USP 3031879. Verfahren und Vorrichtung zur Prüfung der Faserbindung in der Oberfläche von Faserstoffen. Erf. u. Inh.: *A. J. Beauchamp,* 108 N. 92nd Ave., Vancouver, Wash. A. 13. 10. 59, E. 1. 5. 62. Kl.: 73 – 7, 3 Anspr. A.-Z.: 846081.

USP 3122024. Durch eine einwirkende Kraft hervorgerufene Schwingung von Fäden. Erf.: *M. S. Trachtenberg.* Inh.: American Bosch Arma Corp. A. 21. 6. 57, E. 25. 2. 64. Kl.: 73 – 517, 2 Anspr. A.-Z.: 667102.

USP 3125883. Ausstichwerkzeug. Erf.: *H. J. Wollner.* Inh.: ACH Fiber Service Inc., Boston, Mass. A. 1. 3. 61, E. 24. 3. 64. Kl.: 73 – 425, 2 Anspr. A.-Z.: 92486.

Literaturschau

Auszug aus Lieferung 13 und 14/1964 des Dokumentationsdienstes „Faserstoffe und Textiltechnik", zusammengestellt von der Abteilung Wissenschaftliches Berichtswesen des Instituts für Faserstoff-Forschung der DAW, Teltow-Seehof, Kantstr. 55

I. Wissenschaftliche Grundlagen

Physik und Chemie der Hochpolymeren

Kamide, K., Lösungseigenschaften von stereospezifischen Polymeren. II. Viskosität der Lösungen von Polypropylen. Chem. High Polymers, Tokyo **21** (1964) 227, S. 152–160 (jap.; engl. Zusammenfass.).

Heitmiller, R. F., Naar, R. Z., Zabusky, H. H., Einfluß der Homogenität auf die Viskosität beim Extrudieren von Polyäthylen aus Kapillaren. J. appl. Polymer Sci. **8** (1964) 2, S. 873–880.

Bezuglyj, V. D., Salijcuk, E. K., Anwendung der polarographischen Methode für die Molekulargewichtsbestimmung bei einigen Polymeren. Vysokomol. Soed. (Hochmol. Verbind.) **6** (1964) 4, S. 605–607.

Novikova, S. A., Vorob'eva, V. I., Mikroskopische Untersuchungen gefärbter Querschnitte von Viskosefasern). Chim. Volokna (Chem. Fasern) **6** (1964) 3, S. 51–53.

Barakat, N., Hindeleh, A. M., Interferometrische Bestimmung der Brechungsindices und der Doppelbrechung von Mohairwollfasern. Textile Res. J. **34** (1964) 4, S. 357–362.

Kargin, V. A., Ėfendiev, A. A., Berestneva, Z. Ja., Elektronenmikroskopische Strukturuntersuchung eines komplexbildende Eigenschaften aufweisenden Copolymeren aus Vinylphosphinsäurediäthylester und Acrylsäure. Dokl. Akad. Nauk SSSR (Ber. Akad. Wiss. UdSSR) **155** (1964) 6, S. 1401–1403.

Frey-Wyssling, A., Quantitative Bestimmung des Formdichroismus. Z. wiss. Mikroskop. mikroskop. Technik **66** (1964) 1, S. 45–53.

Pokrovskij, E. I., UR-spektroskopische Bestimmung der Zusammensetzung von Methacrylat-Copolymeren. Vysokomol. Soed (Hochmol. Verbind.) **6** (1964) 4, S. 642–646.

Gallot, Y., Franta, E., Rempp, P., Benoit, H., Untersuchung von Pfropf- und Blockcopolymeren in Lösung. J. Polymer Sci., Part C (1964) 4, Teil 1, S. 473–489.

Belavceva, E. M., Petrov, Ju. M., Crankin, D. Ja., Struktur der mit Phosphorwolframsäure behandelten Cellulose. Vysokomol. Soed. (Hochmol. Verbind.) **6** (1964) 4, S. 684–690.

Michajlov, N. V., Fajnberg, Ė. Z., Semenovskaja, L. A., Studium der Struktur von Hydratcellulosefasern durch Sorption einer quaternären Ammoniumbase aus wäßrigen Lösungen. Vysokomol. Soed. (Hochmol. Verbind.) **6** (1964) 3, S. 522–526.

Michajlov, N. V., Fajnberg, Ė. Z., Nemčenko, E. A., Denisenko, N. V., Studium der molekularen Feinstruktur von Hydratcellulosefasern durch Bestimmung des Schubmoduls. Vysokomol. Sode. (Hochmol. Verbind.) **6** (1964) 3. S. 527–532.

Job, C., Lebel, P., Verhalten der durch Oberflächenpfropfung von festen Polymeren eingeführten chemischen Funktionen. I. Untersuchung der durch Pfropfung von Polyacrylsäure auf die Oberfläche eines Polyäthylens herbeigeführten strukturellen Modifikationen. Polymer Sci., Part C (1964) 4, Teil 1, S. 631–647.

Obuchi, S., Yoshitake, I., Tsuneda, T,. Maeda, H., Pfropfen von Methylmethacrylat auf Viskosekunstseide unter Verwendung des $Ag^+/S_2O_8^-$-Systems als Initiator. J. Soc. Textile Cellulose Ind., Japan **20** (1964) 3, S. 162–168 (jap.; engl. Zusammenfass.).

Blakey, P. R., Sheldon, R. P., Kaltverstreckung des aus Aceton kristallisierten Polyäthylenterephthalats. J. Polymer Sci., Part A **2** (1964) 3, S. 1043–1049.

Kudlacek, L., Ruzicka, J. (Schreibw. i. Orig.: *Kudlaček, L., Ružička, Ja.*), Einfluß einer heterogenen Hydrolyse auf die Struktur der Cellulose. Vysokomol. Soed. (Hochmol. Verbind.) **6** (1964) 4, S. 587–593.

Mitsuishi, Y., Tonami, H., Änderungen von Struktur und Eigenschaften von Polyäthylenterephthalat-Fasern durch Hitzebehandlung. J. Soc. Textile Cellulose Ind., Japan **20** (1964) 3, S. 140–148 (jap., engl. Zusammenfass.).

Rapoport-Molodcova, N. Ja., Bogaevskaja, T. A., Koreckaja, T. A., Sogolova, T. I., Kargin, V. A., Faserige Strukturen und Gelbildung beim isotaktischen Polystyrol. Dokl. Akad. Nauk SSSR (Ber. Akad. Wiss. UdSSR) **155** (1964) 5, S. 1171.

Jambrich, M., Diačik, I., Beitrag zum Studium der Strukturveränderungen von Polycaproamidfasern bei Deformationen in der Faserlängsrichtung. IV. Zweistufige Deformationen von Polycaproamidfasern bei Temperaturen in der zweiten Deformationsstufe im Bereich von 80 bis 180°C. Faserforsch. u. Textiltechnik **15** (1964) 7, S. 316–320.

Gorbačeva, V. O., Krasova, I. I., Tokareva, L. G., Potemkina, Z. I., Michajlov, N. V., Morphologische Besonderheiten der stabilisierten Kapronfaser. Chim. Volokna (Chem. Fasern **6** (1964) 3, S. 19–23.

Clement, A., Dittmann, H., Henkel, H., Kaufmann, S., Lochmüller, O., Wiesener, E., Faserphysikalische Arbeiten zur Qualitätsentwicklung. Mitt. Inst. Textiltechnol. Chemiefasern, Rudolstadt **8** (1964) 2/3, S. 116 bis 144.

Slepakova, S. I., Geller, B. Ė., Über die Veränderung der Struktur von Polyacrylnitrilfasern während des Spinnvorganges. Chim. Volokna (Chem. Fasern) **6** (1964) 3, S. 7–10.

Cerný, J., Die Berechnung der Orientierungsfaktors der Fasern von orthogonalkristallographischen Systemen aus einem Paar von paratropen Ebenen (h 01). Faserforsch. u. Textiltechnik **15** (1964) 7, S. 321–325.

Zubov, P. I., Osipov, E. A., Suchareva, L. A., Untersuchung der Strukturenbildung in Polyvinylalkohol-Lösungen. Vysokomol. Soed. (Hochmol. Verbind.) **6** (1964) 5, S. 811–817.

Iwakura, Y., Kurosaki, T., Uno, K., Imai, Y., Reaktive Faser. II. Chemische Reaktionsfähigkeit der mit Glycidylmethacrylat gepfropften Cellulosefaser. J. Polymer Sci., Part C (1964) 4. Teil 1. S. 673–698.

Stanonis, D. J., King, W. D., Sterische Effekte bei der Herstellung und Verseifung von fasrigen Celluloseestern. J. appl. Polymer Sci. **8** (1964) 2, S. 943–951.

Rusznák, I., Levaj, D., (Schreibw. i Orig. *Rusnak, I.*), Untersuchung von mit Stickstoffdioxid oxydierter Cellulose. III. Untersuchung der Kinetik des Lösemechanismus von Polyglucuronsäure in Alkalien. Vysokomol. Soed. (Hochmol. Verbind.) **6** (1964) 3, S. 551–558.

Allen, T. C., Nichtwäßrige Estervernetzung von Baumwollcellulose. Textile Res. J. **34** (1964) 4, S. 331–336.

Burkitt, F. H., Die Vernetzung von Cellulose durch Vinylsulfoniumverbindungen. Textile Res. J. **34** (1964) 4, S. 336–340.

Fedotova, O. Ja., Kerber, M. L., Loser, I. P., Über einige Eigenschaften von nach der Methode der Interphasenpolykondensation hergestellten aromatischen bzw. arylaliphatischen Polyamiden. IX. Vysokomol. Soed. (Hochmol. Verbind.) **6** (1964) 3. S. 452–458.

Philipp, B., Ulbricht, J., Schmidt, J., Zur Elementarzusammensetzung verschieden hergestellter Acrylnitrilpolymerisate. 6. Mitt. zur Analytik der Polyacrylnitrilfasern. Faserforsch. u. Textiltechnik **15** (1964) 6, S. 260 bis 266.

Philipp, B., Reichert, H., Tryonadt, A., Gröbe, V., Zur Titration saurer Gruppen in Rein- und Copolymeren des Acrylnitrils. 7. Mitt. zur Analytik der Polyacrylnitrilfasern. Faserforsch. u. Textiltechnik **15** (1964) 7, S. 304–315.

Narita, H., Uchino, N., Machida, S., Untersuchungen über die chemische Modifikation von Textilfasern durch Propfcopolymerisation. Teil 2. Bestimmungsmethode für Acrylamid. J. Soc. Textile Cellulose Ind., Japan **20** (1964) 3. S. 187–190. (jap.; engl. Zusammenfass.).

Polymerisation

Šarkova, E. F., Virnik, A. D., Rogorin, Z. A., Untersuchung von polymeranalogen Umwandlungen des Pfropfcopolymeren aus Cellulose und Polyglycidylmethacrylat. Vysokomol. Soed. (Hochmol. Verbind.) **6** (1964) 5, S. 951–956.

Sakurada, I., Okada, T., Hatakeyama, S., Kimura, F., Strahlungsinduzierte Pfropfcopolymerisation auf Cellulose und Polyvinylalkoholfasern mit binären Comonomermischungen. J. Polymer Sci., Part C (1964) 4, Teil 2, S. 1233–1249.

Livšic, R. M., Alačev, V. P., Prokof'eva, M. V., Über den Mechanismus der Initiierung der Pfropfcopolymerisation der Cellulose durch Salze des vierwertigen Cers. Vyskomol. Soed. (Hochmol. Verbind.) **6** (1964) 4, S. 655–658.

Usmanov, Ch. U., Azizov, U., (Schreibw. i. Orig.: *Usmanov, Kh. U.*). Eigenschaften der durch Pfropfung von Vinylmonomeren auf Cellulose erhaltenen Copolymeren. J. Polymer Sci., Part C (1964) 4, Teil 1, S. 579 bis 587.

Koreckaja, A. I., Kudrjavcev, G. I., Konkin, A. A., Studium der Polyveresterungsreaktion im festen Zustand. I. Polyveresterung von p-Acetoxybenzoesäure und niedermolekularen Produkten der Kondensation von Dimethylterephthalat und Äthylenglykol in fester Phase. Vysokomol. Soed. (Hochmol. Verbind.) **6** (1964) 3, S. 434–440.

Manabe, T., Molekulargewichtsverteilung und Viskosität von Mehrkettenpolymeren bei der Polymerisation von ε-Caprolactam. J. Polymer. Sci., Part A **2** (1964) 3, S. 1501–1510.

Šebenda, J., Čefelín, P., Doskočilová, D., Alkalische Polymerisation des 6-Caprolactams. XVI. Copolymerisation von Caprolactam mit γ-Methylcaprolactam. Coll. czechoslov. chem. Commun. **29** (1964) 5, S. 1138–1149.

Stehlíček, J., Šebenda, J., Wichterle, O., Alkalische Polymerisation des 6-Caprolactams. XVII. Aktivatoren der alkalischen Caprolactam-Polymerisation. Coll. czechoslov. Caprolactam-Polymerisation. Coll. czechoslov. chem. Commun. **29** (1964) 5, S. 1236–1258.

Magat, E. E., Miller, I. K., Tanner, D., Zimmerman, J., Pfropfprodukte von Polyamiden und ungesättigten Säuren. J. Polymer Sci., Part C (1964) 4, Teil 1, S. 615–629.

Tokarev, A. V., Kudrjavcev, G. I., Synthese und Untersuchung von ungesättigten faserbildenden Polymeren. I. Synthese von ungesättigten Polyamiden. Vysokomol. Soed. (Hochmol. Verbind.) **6** (1964) 5, S. 850–855.

Mermoud, Ch., Neue Cokatalysatorklasse zur anionischen Polymerisation von Caprolactam. Polymer Sci., Part C (1964) 4, Teil 2, S. 1097–1103.

Mardykin, V. P., Konovalova, A. M., Polymerisation von Äthylen in Gegenwart des ternären katalytischen Systems: Titantetrachlorid-Lithiumbutyl-Phenetol. Vysokomol. Soed. (Hochmol. Verbind.) **6** (1964) 3. S. 448–451.

Mardykin, V. P., Badaev, V. K., Polymerisation von Äthylen in Gegenwart der katalytischen Systeme: Titantetrachlorid-Ätherate von aluminiumorganischen Verbindungen. Vysokomol. Soed. (Hochmol. Verbind.) **6** (1964) 3, S. 444–447.

Dobó, J., Somogyi, A., Czvikovszky, T., Pfropfung von Styrol auf Teflon und Polyäthylen durch Vorbestrahlung. J. Polymer Sci., Part C (1964) 4, Teil 2, S. 1173–1193.

Rieke, J. K., Hart, G. M., Saunders, F. L., Pfropfcopolymere von Polyäthylen und Acrylsäure. II. J. Polymer Sci., Part C (1964) 4, Teil 1, S. 589–604.

Koršak, V. V., Mozgova, K. K., Babčinicer, T. M., Herstellung von Pfropfcopolymeren. Mitt. 17. Copolymere von Polytrifluorchloräthylen und Vinylmonomeren. Izv. Akad. Nauk SSSR, Serija chim. (Nachr. Akad. Wiss. UdSSR Chemie) (1964) 4, S. 716–720.

Volkova, A. I., Koton, M. M., Einfluß der chemischen Struktur ungesättigter Ester auf ihre Polymerisierbarkeit, II. Substituierte Acrylate und Methacrylate. Vysokomol. Soed. (Hochmol. Verbind.) **6** (1964) 3, S. 480 bis 483.

Jakabhazy, S. Z., Morawetz, H., Morosoff, N., Polymerisation in kristallinem Zustand. V. Orientiertes Kettenwachstum bei der thermisch initiierten Polymerisation von p-Acetamidstyrol und p-Benzamidstyrol. J. Polymer Sci., Part C (1964) 4, Teil 2, S. 805–826.

Malošickij, A. S., Kelesnikov, G. S., Malinovskaja, T. P., Polymere und Copolymere mit Kohlenstoffketten. LIV. Polymerisation von Methylmethacrylat in Gegenwart von n-Butylborsäuredifluorid. Vysokomol. Soed. (Hochmol. Verbind.) **6** (1964) 5, S. 957–961.

Šamachmudova, S., Bogdanova, A. V., Šostakovskij, M. F., Neue Polymere aus Vinyläthern. Mitt. 4. Stereospezifische Copolymerisation von Vinyläthern mit Methylacrylat und Methylmethacrylat bei Zimmertemperatur. Izv. Akad. Nauk SSSR, Serija chim. (Nachr. Akad. Wiss. UdSSR, Chemie) (1964) 4, S. 709 - 715.
Barkalov, I. M., Gol'danskij, V. I., Enikolopjan, N. S., Terechova, S. F., Trofimova, G. M., (Schreibw. i. Orig.: *Barkalov, I. M., Goldanski, V. I., Enikolopyan, N. S., Terekhova, S. F., Trofimova, G. M.*), (Strahleninduzierte Polymerisation in fester Phase. I. Polymerisation von Acrylnitril. II. Polymerisation von Vinylacetat). — J. Polymer Sci., Part C (1964) 4, Teil 2, S. 897 — 908; S. 909 - 921.
Braun, D., Heufer, G., Johnsen, U., Kolbe, K., Copolymerisationsparameter des Systems α-Methylstyrol-Styrol. Kolloid-Z./Z. Polymere **195** (1964) 2, S. 134 - 137.
Nikolaev, A. F., Tereščenko, M. N., Copolymerisation von N-Vinylphthalimid und Styrol im Block. Vysokomol. Soed. (Hochmol. Verbind.) **6** (1964) 3, S. 379 - 383.
Krjažev, Ju. G., Rogovin, Z. A., Synthese von Blockcopolymeren des 2-Methyl-5-vinylpyridins. Vysokomol. Soed. (Hochmol. Verbind.) **6** (1964) 4, S. 672 - 676.
Smirnova, O. V., Losev, I. P., Chorvat, E., Synthese und Untersuchung von Polycarbonaten nach der Methode der Interphasenpolykondensation. IV. Untersuchung des Einflusses des Überschusses eines Partners auf den Verlauf der Interphasen-Polykondensation von 2,2'-Bis-4(oxyphenyl)propan und Phosgen. Vysokomol. Soed. (Hochmol. Verbind.) **6** (1964) 3, S. 459 - 462, 2 Tab., 5 Lit.
Jakubovič, A. Ja., Rozancev, G. G., Braz, G. I., Bazov, V. B., Fluorierte Polybenzimidazole. Vysokomol. Soed. (Hochmol. Verbind.) **6** (1964) 5, S. 838 — 842.
Koršak, V. V., Frunze, T. M., Izyneev, A. A., Šiškina, T. N., Herstellung von Polymeren nach der Polycyclisierungsreaktion. IV. Herstellung von Mischpolyamidobenzimidazolen auf der Basis von 3,3'-Diaminobenzidin, Hexamethylendiamin und Sebacinsäurediphenylester. Vysokomol. Soed. (Hochmol. Verbind.) **6** (1964) 5, S. 901 — 905.
Solomon, O. F., Dimonie, M., Polymerisationskinetik von Vinylmonomeren mit Persalzen in wasserfreiem Medium. J. Polymer Sci., Part C (1964) 4, Teil 2, S. 969 - 976.
Solomon, O. F., Ciuta, I. Z., Cobianu, N., Spontane Polymerisation von N-Vinylcarbazol in Gegenwart von verdünnten, wäßrigen Lösungen der Perchlorsäure. J. Polymer Sci., Part B **2** (1964) 3, S. 311 - 313.
Smirnova, O. V., Losev, I. P., Erofeeva, S. B., Zil'berman, E. G., Einfluß der Emulgatoren auf den Verlauf der Interphasen-Polykondensation bei der Herstellung von Polycarbonaten auf der Basis von Dichlordiphenylolpropan. Plastičeskie Massy, Moskva (Plast. Massen) (1964) 5, S. 13 — 15.
Okamura, S., Kobayashi, E., Takeda, M., Tomikawa, K., Higashimura, T., Kationische Polymerisation von Trioxan in fester Phase. J. Polymer Sci., Part C (1964) 4, Teil 2, S. 827 — 838.

II. Faserstoffe. Ausgangsstoffe usw.

Frith, G. A., Die Herstellung von gewebten und gewirkten Stoffen aus elastischen Fasern. Textile Inst. Ind. **2** (1964) 4, S. 74 — 76.

Naturfaserstoffe

Tierische Faserstoffe

Höhepunkte der Wollforschung. Textile Manuf. **90** (1964) 1073, S. 174 — 175.
Wroński, M., Zur Einwirkung von Natronlauge auf Wolle. Faserforsch. u. Textiltechnik **15** (1964) 6, S. 274 — 275.

Chemiefaserstoffe

Papkov, S. P., Über die Spinnbarkeit einer Lösung. Chim. Volokna (Chem. Fasern) **6** (1964) 3, S. 34 — 35.
Papkov, S. P., Verdickung eines Flüssigkeitsstrahls beim Austritt aus einer Düsenöffnung. Chim. Volokna (Chem. Fasern) **6** (1964) 3, S. 36 — 40.
Richter, W., Ganzer, S., Ein Modell für die Kurzfaser-Längenverteilung bei geschnittenen Chemiefasern. Faserforsch. u. Textiltechnik **15** (1964) 6, S. 243 — 248.
Perepelkin, K. E., Einige Gesetzmäßigkeiten der Mechanik (Hydrodynamik) des Spinnvorganges von Chemiefasern. Chim. Volokna (Chem. Fasern) **6** (1964) 3, S. 1 — 6.
Philipp, B., Lehmann, R., Zur Löslichkeit von Cellulose in zinkathaltiger Natronlauge. Faserforsch. u. Textiltechnik **15** (1964) 7, S. 283 — 288.

Regeneratfaserstoffe

Reeves, E. V., Anomales Fließen von Celluloselösungen während des Spinnens. J. appl. Polymer Sci. **8** (1964) 2, S. 735 — 745.
Barthel, P., Rühlmann, K., Kontrolle der Vorreife der Aikalicellulose im Viskosefaserbetrieb. Faserforsch. u. Textiltechnik **15** (1964) 6, S. 256 bis 259.
Murakami, E., Untersuchung des Spinnmechanismus von Viskose. III. Über die Salzkonzentration der Spinnbadlösung. IV. Die chemischen Strukturen und die Einflüsse des Viskosemodifikators. J. Soc. Textile Cellulose Ind., Japan **20** (1964) 3, S. 149 - 155; 149, 155 - 161 (jap.; engl. Zusammenfass.).
Vejdeman, E. B., Bykova, E. A., Meos, A. I., Einfluß von Natriumsulfid auf die Änderung der Viskoseeigenschaften bei der Reife. Chim. Volokna (Chem. Fasern) **6** (1964) 3, S. 32 — 34.
Serkov, A. T., Čerkasova, E. V., Über Wege zur Erhöhung der Spinnkonstanz von Viskosefasern. Chim. Volokna (Chem. Fasern) **6** (1964) 3, S. 40 - 43.
Stübner, M., George, J., Beitrag zur Fadenbildung technischer Cordfäden. Faserforsch. u. Textiltechnik **15** (1964) 7, S. 289 — 297.
Stokanović, D., Rückgewinnung von Schwefelkohlenstoff. Hemijska Vlakna, Loznica/Jugoslaw. (Chem. Fasern) **3** (1963) 4, S. 7 — 10.

Synthetische Faserstoffe

Moncrieff, R. W., Du bist mit Synthesefasern sicherer. Man-made Textiles **41** (1964) 480, S. 37 — 40.
25 Jahre Nylon. Norsk Tekstiltid. **45** (1964) 4, S. 24 — 26.
Frazer, A. H., Wallenberger, F. T., Poly(1, 3,4-oxadiazol)fasern: Neue Fasern mit äußerst hoher Temperaturbeständigkeit. J. Polymer Sci., Part A **2** (1964) 3, S. 1171 — 1179.
Bobek, E., Aktuelles vom Polypropylenfaser-Gebiet. Textil-Praxis **19** (1964) 5, S. 463 - 468.
Perepelkin, K. E., Rabinovič, V. I., Herstellung von Polyvinylalkoholfasern nach der Trockenspinnmethode. Chim. Volokna (Chem. Fasern) **6** (1964) 3, S. 11 — 15.
Petrov, D., Polyacrylnitrilfasern. Allgemeine Charakteristik der Produktion. Hemijska Vlakna, Loznica/Jugoslaw. (Chem. Fasern) **3** (1963) 4, S. 2 - 7.
Vedernikova, L. G., Konkin, A. A., Untersuchung des Herstellungsvorganges von Polycarbonatfasern. Chim. Volokna (Chem. Fasern) **6** (1964) 3, S. 26 — 29.

Künstliche mineralische Faserstoffe

Bartenev, G. M., Motorina, L. I., Einfluß der thermischen Behandlung auf die Festigkeit und Struktur von Glasfasern. Dokl. Akad. Nauk SSSR (Ber. Akad. Wiss. UdSSR) **155** (1964) 6, S. 1302 — 1305.

III. Spinnerei (Verspinnen)

Spinnereivorbereitung

Quarmby, I. B., Das Mischen in der Wollindustrie. Teil III. Textile Rec. **82** (1964) 974, S. 66 - 68.
Schickhardt, O., Rottmayr, H., Die Verschiebung des Mischungsverhältnisses während des Produktionsablaufes in der Streichgarnspinnerei. 1. Teil. Textil-Praxis **19** (1964) 5, S. 471 - 477.
Ratnam, T. V., Ramakrishnan, V., Ranganathan, K., Srikantaiah, G., Der Einfluß von Schwankungen im Wickelgewicht auf die Garnqualität. Textile Rec. **82** (1964) 974, S. 60 - 62, 68.

Spinnerei

Caldwell, S. A. G., Moderne Verfahren der Juteverarbeitung. Textile Rec. **82** (1964) 974, S. 63 - 65, 76.
Bericht über neue Fortschritte in der Baumwollbearbeitung. Mod. Textiles Mag. **45** (1964) 5, S. 32 - 33.
Ginzburg, L. N., Charkin, V. P., Bestimmung der Wahrscheinlichkeitscharakteristiken der Fadenspannung beim Zentrifugenspinnen in Abhängigkeit von den Wahrscheinlichkeitscharakteristiken der Masseverteilung des Garns nach seiner Länge. Tekstil. Prom., Moskva (Textil-Ind.) **24** (1964) 4, S. 16 - 20.
Kolb, H., Streifzug durch die Zellwollspinnerei. Chemiefasern **14** (1964) 5, S. 346 - 351.
Kinapenne, J., Vorrichtungen zur Verminderung des Fadenzuges beim Spinnverfahren. Melliand Textilber. **45** (1964) 5, S. 465 - 470.

Erzeugnisse der Spinnerei

Chaimov, B. J., Belokon', N. I., Herstellung und Einsatz von Schlingengarnen mit Acetatseide. Tekstil. Prom., Moskva (Textil-Ind.) **24** (1964) 5, S. 29 - 34.

IV. Materialvorbereitung. Texturfadenherstellung. Textilverbundstoffe

Materialvorbereitung

Michajlov, P. V., Luk'janov, N. P., Verwendung von Polyacrylnitril beim Schlichten. Tekstil. Prom., Moskva (Textil-Ind.) **24** (1964) 5, S. 26 - 29.
Dvernickij, I. M., Über die neue Technik bei der Herstellung von Zwirnerzeugnissen. Tekstil. Prom., Moskva (Textil-Ind.) **24** (1964) 5, S. 15 - 22.
Pozlep, A., Viskose- oder Polyamidcord? Hemijska Vlakna, Loznica/Jugoslaw. (Chem. Fasern) **3** (1963) 3, S. 1 — 12.
Aplavin, A. M., Aus der Erfahrung der Anwendung von Ultraschall beim Schlichten. Tekstil. Prom., Moskva (Textil-Ind.) **24** (1964) 4, S. 63 - 64.

Texturfadenherstellung

Takeuchi, T., Mechanisches Verhalten von gekräuseltem synthetischem Garn. 2. J. Soc. Textile Cellulose Ind., Japan **20** (1964) 3, S. 169 — 175 (jap.; engl. Zusammnfass.)
Smith, L., Aktuelle Entwicklung in der Baumwolltechnologie. Norsk Tekstiltid. **45** (1964) 5, S. 38 - 42, (3 S.).
Chevallard, A., Die texturierten Garne. Panorama tessile, Milano **1** (1964) 3, S. 9 — 13.
Guyonnet, Y., Die Texturgarne. Probleme und Bearbeitungsmethoden. Teintex, Paris **29** (1964) 6, S. 417, 418, 421, 423, 424, 427, 429, 430, 433, 435, 437, 439.
Usenko, V. A., Lalykina, K. M., Feststellung der optimalen, technologischen Parameter für die Herstellung von wenig dehnbaren Bauschgarnen aus Polyamid- und Polyesterfasern. Mitt. 2. Izv. vysšich uč. Zav. Technol. tekstil. Prom. (Hochschulnachr. Technol. Textil-Ind.) (1964) 1, S. 53 — 59.
Wray, G. R., Mech, G. I., Herstellungsprinzip für Bauschgarne. 1. Teil. Textil-Praxis **19** (1964) 5, S. 457 — 463.
Genzer, M. S., Birger, D. S., Erfahrung bei der Herstellung von Erzeugnissen aus Hochbauschgarn. Tekstil. Prom., Moskva (Textil-Ind.) **24** (1964) 5, S. 34 — 36.
Gregg, R. A., King, F. G., Chappell, M. W., Die Gewebekonstruktion sowie Färbe- und Ausrüstungsverfahren beeinflussende Eigenschaften von Spandex-Fäden. Amer. Dyestuff Rep. **53** (1964) 9, S. 38 (P 334) - 43 (P 339).

Textilverbundstoffe

Jörder, H., Der Einfluß der Chemiefasern auf die Eigenschaften und Verwendung von Textilverbundstoffen. Chemiefasern **14** (1964) 5, S. 326 bis 330.
Lorenz, G., Über Ausgangsstoffe und Herstellung kombinierter Textilverbundstoffe. Spinner, Weber, Textilveredlung **82** (1964) 2, S. 126 - 130; 4, S. 342 — 348; 5, S. 465 — 473.
Vogel, S., Mit Malimo — Malipol — Maliwatt in Moskau. Bekleid. u. Maschenware **3** (1964) 3, S. 44 - 46.

V. Weberei

Weberei

Walther, H., Schußsuchapparat für Kurbelwebmaschinen. Dt. Textiltechnik **14** (1964) 6, S. 301 — 302.
Brzeskiewicz, C., Sind die herkömmlichen Webverfahren leistungsmäßig noch zu verbessern? Textil-Praxis **19** (1964) 5, S. 495 — 500.

Parfenov, D. L., Über die Bedeutung des Anschlagwinkels im Prozeß der Gewebebildung. Izv. vysšich uč. Zav. Technol. tekstil. Prom. (Hochschulnachr. Technol. Textil-Ind.) (1964) 1, S. 80–85.

Bukaev, P. T., Über die Ursachen der Schußfadenbrüche auf den automatischen Webmaschinen. Tekstil. Prom., Moskva (Textil-Ind.) **24** (1964) 4, S. 32–35.

Erzeugnisse der Weberei

Riesnert, W., Gewebefehler, die in der Weberei entstehen. Ursache und Verhütung. Teil 13. Textil-Praxis **19** (1964) 5, S. 491–492.

Frishman, D., Flauschstoffe. Hosiery Trade J. **71** (1964) 845, S. 115–119.

Wiume, W., Spannfäden in Wolle- und Polyester-Geweben. Melliand Textilber. **45** (1964) 5, S. 497–499.

Brzeskiewicz, C., „Pech"- oder „Teer"-Spitzen in hellfarbigen Wollgeweben. Melliand Textilber. **45** (1964) 5, S. 491.

VI. Wirkerei. Strickerei. Konfektionstechnik. Sonstige Technologien

Wirkerei und Strickerei

Pugasej, N. P., Herstellung von wenig aufgehenden Gewirken auf Rundwirkmaschinen MT und Mailleusen. Tekstil. Prom., Moskva (Textil-Ind.) **24** (1964) 4, S. 44–51.

Neue Anwendungsmöglichkeiten der Stricktechnologie auf dem technischen Sektor. Wirk.- und Strick.-Technik **14** (1964) 5, S. 212–216.

Erzeugnisse der Wirkerei und Strickerei

Probst, J., Qualitäts-Wirkveloure im Kommen. Wirk.- u. Strick.-Technik **14** (1964) 5, S. 232–236.

Furkert, F., Maschenwaren für Oberbekleidung. Melliand Textilber. **45** (1964) 5, S. 509–512.

Baines, E. C. K., Der Wettbewerb zwischen Wirkstoffen und Geweben. Chemiefasern **14** (1964) 5, S. 330–334.

Neue Möglichkeiten mit Kettengewirken für Hemden und Pyjamas. Hosiery Trade J. **71** (1964) 845, S. 122, 125.

Kluge, G., Ein- und doppelflächige Handschuhdessins und ihre Verwendbarkeit. Bekleid. u. Maschenware **3** (1964) 3, S. 6–8.

„Agilon"-Stretch-Strümpfe mit Längs- und Querelastizität. Wirk.- u. Strick.-Technik **14** (1964) 5, S. 241–242.

Konfektionstechnik

Burnip, M. S., Heißnähen von Textilien. I. II. Man-made Textiles **41** (1964) 479, S. 28–30; 480, S. 34–36.

VII. Textilveredlung

Schaumbeschichten und Drucken in einem Arbeitsvorgang. Man-made Textiles **41** (1964) 480, S. 64–65.

Automatisierung in der Garnveredlung. Hosiery Times **37** (1964) 420, S. 74–76.

Schwindt, W., Grundlagen und Anwendung der Pigmentfärbe- und -drucktechnik. Melliand Textilber. **45** (1964) 5, S. 533–539.

Rayment, J., Färben und Formen von Damenstrümpfen. Textile Manuf. **90** (1964) 1073, S. 200, 201, 202.

Mertens, H., Über moderne Methoden zum diskontinuierlichen und kontinuierlichen Filzfreimachen von Wolle. Z. ges. Textilind. **66** (1964) 5, S. 404–409.

Netsloh, P., Triazetat, Faser und Färbung. Teil II. Melliand Textilber. **45** (1964) 5, S. 530–532.

Farbstoffe, Textilhilfsmittel

Kuroiwa, S., Komiyama, H., Untersuchungen über den dispergierten Zustand von Farbstoffen und ihre Färbeeigenschaften. II. Nicht-ionogene oberflächenaktive Mittel und Dispersion von 1,4-Diaminoanthrachinon. J. Soc. Textile Cellulose Ind., Japan **20** (1964) 3, S. 183–186 (jap.; engl. Zusammenfass.).

Suda, Y., Ujigawa, H., Grundlegende Untersuchungen über das Färben mit Dispersionsfarbstoffen. X. Die Wechselwirkung zwischen Aminoanthrachinon-Dispersionsfarbstoffen und Aminen durch papierchromatographische Untersuchung im Hinblick auf die Wasserstoffbindung vom Typ $R-N\langle^{R'}_{H}$ … N-Farbstoff. J. Soc. Textile Cellulose Ind., Japan **20** (1964) 3, S. 176–182 (jap.; engl. Zusammenfass.).

Jordinson, F., Lockwood, R., Weitere Mitteilungen über Reaktivfarbstoffe und ihr Nachweis an Cellulosefasern. J. Soc. Dyers Colourists **80** (1964) 4, S. 202–204.

Figge, P.-G., Anwendungsgebiete für Intraminschwarz G Teig. Z. ges. Textilind. **66** (1964) 5, S. 381–386.

Scheer, R., Farbstoffe und Hilfsmittel für die Färberei, Wäscherei und Chemischreinigung. Wäscherei **11** (1964) 5, S. 134–135.

Schulzen, H., Die Carragheenate und ihre große Anwendungsbreite. Spinner, Weber, Textilveredlung **82** (1964) 5, S. 461–465.

Coward, M. P., Nursten, H. E., Ein Lösungsmittelverfahren zur Herstellung von reinen Farbsäuren. Amer. Dyestuff Rep. **53** (1964) 9, S. 27(325) bis 29(327).

Inoue, H., Von Poly-2-vinylpyridin abgeleitete Polyseifen. Teil 1. Moleküldimensionen in wäßrigen Kaliumbromidlösungen. Kolloid-Z./Z. Polymere **195** (1964) 2, S. 102–110.

Nakagawa, T., Inoue, H., Eine statistische Theorie über den Lösungszustand von Polyseifen. Kolloid-Z./Z. Polymere **195** (1964) 2, S. 93–101.

Bleicherei. Sonstige Vorbehandlungsarbeiten der Textilveredlung

Hundt, W., Bleichen. Fibre e Colori, Milano **14** (1964) 4, S. 130–139.

Predtečenskaja, I. A., Samsonova, A. V., Kotlovaja, Z. A., Amusina, S. L., Kuple, Ch. R., Verwendung von Peressigsäure beim Bleichen von Geweben aus Baumwolle und aus Polyamidfasern. Tekstil. Prom., Moskva (Textil-Ind.) **24** (1964) 5, S. 41–49.

Bel'cov, V. M., Charcharov, A. A., Chloritbleiche von Trikotstoff aus Acetatseide. Tekstil. Prom., Moskva (Textil-Ind.) **24** (1964) 5, S. 49–51.

Borezee, R., Cholley, J.-M., Ein neues Chloritbleichverfahren. Teintex, Paris **29** (1964) 6, S. 409, 412, 415.

Borsten jr., H., Beschleunigte Hypochloritbleiche für Baumwollgewebe. Textile Rec. **82** (1964) 974, S. 71–74, 76.

Bel'cov, V. M., Charcharov, A. A., Über den Einfluß der Chloritbleiche auf die wachsartigen Substanzen und das Lignin der Pflanzenfasern. Izv. vysšich uč. Zav. Technol. tekstil. Prom. (Hochschulnachr. Technol. Textil-Ind.) (1964) 1, S. 97–102.

Würker, E., Heinrich, O., Untersuchungen über Waschfilzverhalten der Wollen. Dt. Textiltechnik **14** (1964) 6, S. 315–321.

Färberei

Cookson, E. A., Hine, R. J., McPhee, J. R., Das Färben von schrumpffester Wolle. J. Soc. Dyers Colourists **80** (1964) 4, S. 196–202.

Färbestraße für das kontinuierliche Färben und Trocknen von loser Flocke und Kammzug. SVF Fachorgan Textilveredl., Basel **19** (1964) 4, S. 318.

Lamprecht, A., Einbadiges Färben von Kettengewirken aus PAS/VIS. Bekleid. u. Maschenware **3** (1964) 2, S. 36–37.

Einige Hinweise für das Färben von Nylonstoffen zu egalen Tönen. Hosiery Times **37** (1964) 420, S. 87–90.

Jelinek, Z. K., Stejskal, B., Pišl, J., Kinetik des Verküpens. II. Einfluß der Temperatur auf die Geschwindigkeit des Verküpens. Textil, Praha **19** (1964) 5, S. 186–187.

Rosenbaum, S., Die Rolle der aktiven Zentren beim Färben. Teil II. Diffusion. Textile Res. J. **34** (1964) 4, S. 291–302.

Blum, F., Eine neue Kombination zum Färben von Fasermischungen aus Wolle/Polyamid. Bayer-Farben-Rev., Leverkusen (1964) 7, S. 1–9.

Fowler, J. A., Kontinuefärbung von Cellulosefasern mit Procionfarbstoffen. Ein Überblick über den Stand der heutigen Praxis. Teil 1 und 2. Textil-Praxis **19** (1964 4, S. 397–400; 5, S. 514–516.

Sadov, F. I., Kalinina, K. G., Puzanova, S. A., Färben von Acetatfasern mit Dispersionsfarbstoffen. Mitt. 2. Izv. vysšich uč. Zav. Technol. legkoj Prom. (Hochschulnachr. Technol. Leicht-Ind.) (1964) 2, S. 47–51.

Kontinuierliche Polyester-Baumwoll-Färberei. Amer. Dyestuff Rep. **53** (1964) 9, S. 53(349)–55(351).

Cascardo, Ch. A., Sievenpiper, F., Färben von Polyamid in gleichmäßigen, lichtechten Tönen. Amer. Dyestuff Rep. **53** (1964) 9, S. 44(P 340) bis 46(P 342).

Druckerei

Manderla, H.-J., Das Bedrucken von Geweben aus Polyester-endlos und Polyester/Zellulose-Mischgespinsten. Bayer-Farben-Rev., Leverkusen (1964) 7, S. 16–30.

Ausrüstung, Trocknung

Steidl, R., Die Möglichkeiten zur Erzielung verschiedener Rauheffekte. Melliand Textilber. **45** (1964) 5, S. 553–555.

Köster, E., Aufbau und Arbeitsweise einer Kratzen-Rauhmaschine. Z. ges. Textilind. **66** (1964) 5, S. 399–402.

Sayle, J. H., Filz- und schrumpffreie Wollartikel durch das I. F. P.-Verfahren. Z. ges. Textilind. **66** (1964) 5, S. 416–420.

Dolmetsch, H., Über die Ursache des Festigkeitsverlustes der Baumwolle während der Knitterfestausrüstung. Melliand Textilber. **45** (1964) 5, S. 542–547.

Liewald, F., Ein Beitrag zur Frage der Ausrüstung von Mantelstoffen aus Baumwolle und Polyester/Baumwolle mit Silikonen in Kombination mit Kunstharzen und Reaktanttypen. Z. ges. Textilind. **66** (1964) 5, S. 387 bis 389.

Nikolai, J., Die saure Wollchlorierung und Antifilzausrüstung von Wolle nach dem Cassella-Verfahren mit Nierulan OCF hochkonz. Z. ges. Textilind. **66** (1964) 5, S. 410–416.

Chapman, A. J., Möglichkeiten von Schaumstoffen. Hosiery Trade J. **71** (1964) 845, S. 132–134.

Plum, S., Nimm ein Pulver! Man-made Textiles **41** (1964) 479, S. 57, 61; 480, S. 57–58.

Crone, H. R., Das Leimen der Rückseite und das Ausrüsten von Teppichen. Textile Inst. Ind. **2** (1964) 5, S. 99–102.

Goldstein, H. B., May, J., Plisséebeständige „Wash-wear"-Baumwollen. Textile Res. J. **34** (1964) 4, S. 325–331.

Die Erforschung der Naßbehandlung bildete den Kernpunkt bei der TRI-Tagung. Amer. Dyestuff Rep. **53** (1964) 9, S. 33(331)–34(332).

Bundesmann, H., Skizzierung einiger Spezialausrüstungsverfahren zur Erhöhung des Gebrauchswertes von Textilien. Teil II. Prakt. Chemie, Wien **15** (1964) 2, S. 118, 121, 122.

Boyle, R. J., Herbeiführung der Verrottungsfestigkeit von Cellulosefasern durch eine modifizierte Behandlung mit trockenhärtendem Harz. Textile Res. J. **34** (1964) 4, S. 319–324.

Conner, C. J., Cooper jr., A. S., Reeves, W. A., Trask, B. A., Einige mikrobenbeständige Zirkoniumverbindungen und ihr Einfluß auf Baumwolle. Textile Res. J. **34** (1964) 4, S. 347–357.

Williams, V. A., Die Anwendung von Dieldrin bei Wolle. Textile Res. J. **34** (1964) 4, S. 367–368.

Howard, H. S., Laminate – ihr heutiger Stand. Mod. Textiles Mag. **45** (1964) 5, S. 47, 48, 50–53.

Jaeschke, L., Mechanismus der Feuchtigkeitsbewegung bei der Trocknung von Gütern mit verkrustenden Oberflächen. Chemie-Ing.-Technik **36** (1964) 5, S. 449–455.

Burgholz, R., Schnelltrockner für Kreuzspulen im Abluft-Umluft-Betrieb mit Feuchtigkeitsregelung. Teil 2. Textil-Praxis **19** (1964) 5, S. 501–506.

Wäscherei. Chemische Reinigung

Schuster, K., Oxé, J., Kationaktive Verbindungen zum Schönen des Waschgutes. Melliand Textilber. **45** (1964) 5, S. 556–561.

Wie lassen sich Nylonstoffe weiß halten und wieder weiß machen. SVF Fachorgan Textilveredl., Basel **19** (1964) 4, S. 306–308.

Bauch, H., Von den Synthesefasern. Wäschereitechnik u. -chemie **17** (1964) 5, S. 331–340.

Richter, M., Zuber, S., Moderne Technologie für die Fertigstellung in Chemischreinigungen. Teil II. Wäscherei **11** (1964) 5, S. 136–138.

VIII. Werkstoffprüfung. Meß- und Prüftechnik. Standardisierung

Eigenschaften und Fehler der Textilmaterialien u. a.

Ozawa, S., Eigenschaften von Polyäthylen-Seide. II. Zugelastische Erholung der monofilen Seide und ihres Stranges. J. Soc. Textile Cellulose Ind., Japan **20** (1964) 3, S. 133–139 (jap.; engl. Zusammenfass.).

Egerton, G. S., Shah, K. M., Der Einfluß der Temperatur auf den photochemischen Abbau von Faserstoffen. Nature, London **202** (1964) 4927, S. 81–82.

Torkunova, Z. A., Über die Faktoren, die die Scheuerfestigkeit von Strumpf- und Sockenerzeugnissen beeinflussen. Der Einfluß der Wirkdichte und der Maschenlänge. Izv. vysšich uč. Zav. Technol. legkoj. Prom. (Hochschulnachr. Technol. Leicht-Ind.) (1964) 2, S. 23–31.

Semak, B. D., Luftdurchlässigkeit von Sommerkleiderstoffen unterschiedlicher Faserzusammensetzung. Izv. vysšich uč. Zav., Technol. legkoj Prom. (Hochschulnachr. Technol. Leicht-Ind.) (1964) 2, S. 42–46.

Pohl, G., Kästner, S., Ein Meßverfahren für das komplexe Poissonsche Verhältnis von Kunststoffen. Exper. Technik Physik **12** (1964) 3, S. 193 bis 198.

Torossian, K. A., Jones, S. L., Untersuchung von als Isolationssysteme verwendbaren Polymeren. J. appl. Polymer Sci. **8** (1964) 1, S. 489–501.

Fester, W., Der Einfluß der Farbstoffe auf die thermische Stabilität von Polyamidfasern. Textile Res. J. **34** (1964) 4, S. 362–366.

Becker, H., Zachar, A. W., Informatorische Untersuchungen über Photomechanik. J. appl. Polymer Sci. **8** (1964) 1, S. 413–437.

Nielsen, L. E., Mechanisches Verhalten einiger leichtvernetzter Kautschuke. J. appl. Polymer Sci. **8** (1964) 1, S. 511–520.

Gent, A. N., Lindley, P. B., Thomas, A. G., Schnittwachstum und Ermüdung von Kautschuk. I. Die Beziehung zwischen Schnittwachstum und Ermüdung. J. appl. Polymer Sci. **8** (1964) 1, S. 455–466.

Wilson, N., Bruchdehnung von Nylonfäden. Nature, London **202** (1964) 4935, S. 890–891.

Vančikov, A. N., Berechnung der Festigkeit von Garn aus einer Mischung von Baumwolle mit Chemiestapelfasern und Beurteilung der Nutzungseigenschaften dieses Garns. Tekstil. Prom., Moskva (Textil-Ind.) **24** (1964) 4, S. 25–30.

Tichomirova, E. V., Untersuchung des Einflusses der Trocknungstemperatur und -zeit auf die Eigenschaften von Flachsgarn. Mitt. 1. Izv. vysšich uč. Zav. Technol. tekstil. Prom. (Hochschulnachr. Technol. Textil-Ind.) (1964) 1, S. 19–25.

Zverev, M. P., Byčkov, R. A., Kostina, T. F., Klimenkov, V. S., Über die Modifizierung der Eigenschaften von Polypropylenfasern. Chim. Volokna (Chem. Fasern) **6** (1964) 3, S. 15–19.

Freeston jr., W. D., Platt, M. M., Mechanik des elastischen Verhaltens von Textilmaterial. Teil XV. Fadenbiegeerholung. Textile Res. J. **34** (1964) 4, S. 308–319.

Hearle, J. W. S., Michie, R. I. C., Stevenson, P. J., Untersuchungen von nichtgewebten Stoffen. Teil V. Die Abhängigkeit der Steifheit und des Falls des Stoffes von den Eigenschaften der den verbundstoffbildenden Faser und des Bindemittels. Textile Res. J. **34** (1964) 4, S. 275–282. Teil IV: 3. S. 181–191 (*J. W. S. Hearle; P. J. Stevenson*).

Barella, A., Sust, A., Kohäsionserscheinungen in Baumwollgarn und Garn. Teil III. Einfluß der Faserkennwerte auf die Kohäsion von ungezwirnten Faserbändern. Textile Res. J. **34** (1964) 4. S. 283–290.

Hall, I. H., Die Zugeigenschaften von Textilgarnen bei sehr hohen Verformungsgeschwindigkeiten. J. appl. Polymer Sci. **8** (1964) 1, S. 237–256.

Dogliotti, E. C., Yelland, W. E. C., Einfluß der Verformungsgeschwindigkeit auf die viskoelastischen Eigenschaften von hochpolymeren faserförmigen Materialien. J. appl. Polymer Sci. **8** (1964) 1, S. 211–235.

Jyengar, R. L. N., Eine einfache Erklärung für die Bildung von Fadendrehungen mit entgegengesetzten Richtungen in einer Baumwollfaser. Textile Res. J. **34** (1964) 4, S. 368–371.

Kudrjavceva, V. A., Der Einfluß der Drehung und der Struktur von Viskosefasergarn Nm 65 auf seine physikalisch-mechanischen Eigenschaften. Tekstil. Prom., Moskva (Textil-Ind.) **24** (1964) 5, S. 59–62.

Swallow, J. E., Webb, M. W., Einfache und sich wiederholende stoßartige Belastung von Textilgarnen und der Einfluß der Temperatur auf die dynamisch-mechanischen Eigenschaften. J. appl. Polymer Sci. **8** (1964) 1, S. 257–282.

Meß- und Prüftechnik

Zelazny, T., Mordaka, T., Die Erscheinungen der Migration bei der Herstellung von Klebvliesstoffen mit Latex-Bindemitteln. Technik. włókienn. (Textiltechn.) **13** (1964) 2, S. 58–60.

du Bois, W. F., Die Bestimmung des Reifegrades von Baumwolle nach dem Quellungsverfahren. Teil II. Melliand Textilber. **45** (1964) 5, S. 471–475.

Alsberg, F. R., Fowler, J. A., I. M. P.-Instrumentelle Muster-Programmierung. Z. ges. Textilind. **66** (1964) 5, S. 389–393.

Thomasson, C. V., Cunnigham, D. A., Ein Hochtemperatur-Differentialkalorimeter. J. sci. Instruments **41** (1964) 5, S. 308–310.

Brown, J. C., Weitere Anwendungen der Chromatographie beim Färben und Ausrüsten. J. Soc. Dyers Colourists **80** (1964) 4, S. 185–195.

Theidel, H., Zur Stereochemie optischer Aufheller vom Stilben-Typ. Melliand Textilber. **45** (1964) 5, S. 514–519.

Thoma, J., Prüfmethoden für Textilhilfsmittel und deren Bedeutung für die technische Kontrolle und Qualität. Textil. Praha **19** (1964) 5, S. 183 bis 185.

Wappler, R., Induktive Meßumformer. Feingerätetechnik **13** (1964) 5, S. 232–234.

Drechsel, D., Labormuster eines Auswertegerätes. Feingerätetechnik **13** (1964) 5, S. 228–231.

Einsele, U., Über die Löslichkeitsverhalten reaktiv gefärbter Cellulosefasern und seinen Einfluß auf Faseranalysen. Z. ges. Textilind. **66** (1964) 5, S. 349–353.

Pugačevskij, G. F., Untersuchung der Knitterfestigkeit von Hemdenstoffen. Izv. vysšich uč. Zav. Technol. legkoj Prom. (Hochschulnachr. Technol. Leicht-Ind.) (1964) 2, S. 32–37.

Simonenko, D. F., Požidaev, N. N., Pavlov, A. I., Methodik zur Bestimmung der Scheuerfestigkeit von Wäschetrikotagen. Mitt. 1. Die Auswahl des Scheuermittels für die Scheuerung der Trikotagen. Izv. vysšich uč. Zav. Technol. legkoj. Prom. (Hochschulnachr. Technol. Leicht-Ind.) (1964) 2, S. 52–57.

Wegener, W., Schuler, B., Beitrag zur Grundlagenermittlung des Reibungskoeffizienten von Fäden. Z. ges. Textilind. **66** (1964) 5, S. 362–367, Forts. v. 4, S. 250–254.

Bauer, A., Winkler, F., Dynamische Zugprüfung von Fäden. Faserforsch. u. Textiltechnik **15** (1964) 6, S. 248–253.

Cormann, L., Entwicklung eines Verfahrens zur Kontrolle der „Noppen“ in Wollkammzugbändern. Ind. textile, Paris (1964) 920, S. 9–12.

Henning, H.-J., Standardverfahren zur Prüfung des Filzverhaltens von Wollgarnen durch einen Wolltest. Z. ges. Textilind. **66** (1964) 5, S. 358 bis 361.

Henning, H.-J., Töpert, G., Weitere Ergebnisse mit dem Waschtest an Strickstücken und Vergleiche mit der Beanspruchung bei der Wäsche in der Waschmaschine. Z. ges. Textilind. **66** (1964) 5, S. 353–358.

Felix, M., Lemarie, M., Die Anwendung statistischer Methoden in analytischen Laboratorien. Chem. Technik **16** (1964) 6, S. 359–366.

Pozdnjakov, B. P., Die statistische Kontrolle in der Textilindustrie. Tekstil. Prom., Moskva (Textil-Ind.) **24** (1964) 4, S. 20–24.

Borwanker, D. S., Die Anlage von Untersuchungen für Spinnerei-Versuche. Textile Inst. Ind. **2** (1964) 5, S. 103–104.

Dubach, P., Ein praktisches Hilfsmittel zur Vereinfachung der Berechnung des Mittelwertes und der mittleren quadratischen Streuung einer Stichprobe. Melliand Textilber. **45** (1964) 6, S. 608–610.

Bojtár, P., Sugár, A., Instrumentelle Untersuchung der Belastung von Streckwerkwalzen. Magyar Textiltechn. **16** (1964) 5, S. 220–224.

Seifert, K., Füllstandsschaltgerät für elektrisch leitfähige Medien. Chem. Technik **16** (1964) 6, S. 356.

Banitz, W., Ein Beitrag zur Füllstandsmessung von Flüssigkeiten und Schüttgütern. Feingerätetechnik **13** (1964) 6, S. 274–276.

Shapiro H. N., Sparer, G., Gaffney, H. E., Armitage, R. H., Tallant, J. D., Mathematische Gesichtspunkte der Längenverteilung der Baumwollfaser an verschiedenen Bruchmodellen. Textile Res. J. **34** (1964) 4, S. 303–307.

Krause, H. W., Die Rohbaumwollkontrolle mittels Digitalfibrograph und ihre Auswirkung im Spinnereibetrieb. Melliand Textilber. **45** (1964) 6, S. 603–608.

Rumpf, H., Ebert, K. F., Darstellung von Kernverteilungen und Berechnung der spezifischen Oberfläche. I. Teil. Definitionen und mathematische Behandlung. II. Teil. Vergleichende Untersuchung verschiedener Verfahren zur Berechnung der spezifischen Oberfläche. Chemie-Ing.-Technik **36** (1964) 5, S. 523–537.

Vinogradov, G. V., Prozorovskaja, N. V., Untersuchung von Polymerschmelzen im Kapillarviskosimeter mit Druckkonstanz. Plastičeskie Massy, Moskva (Plast. Massen) (1964) 5, S. 50–57.

Urszu, M., Fundamentale Gesetzmäßigkeiten der optischen Doppelbrechung von Fasern und deren Anwendung bei Faserprüfungen. Magyar Textiltechn. **16** (1964) 5, S. 201–206.

Mazor, Ju. A., Methode zur Bestimmung des spezifischen Volumens von elastischen Fäden. Chim. Volokna (Chem. Fasern) **6** (1964) 3, S. 53–56.

Elias, H.-G., Ultrazentrifugen. Chemie-Ing.-Technik **36** (1964) 5, S. 504 bis 508.

Junge, H.-D., Ein neuartiger Titrierautomat für die Betriebskontrolle. Chem. Technik **16** (1964) 6, S. 357.

Hummel, H., Kontinuierliches Betriebsgerät zur Titrationsregelung. Chemie-Ing.-Technik **36** (1964) 5, S. 537–541.

Slevogt, K. E., Die Messung der elektrolytischen Leitfähigkeit (Konduktometrie). Z. Instrumentenkde. **72** (1964) 6, S. 157–165.

Aksel'band, A. M., Kravčenko, N. A., Asner, B. G., Verringerung der Elektrisierbarkeit von Garnen aus Chemie- und Synthesefasern. Tekstil. Prom., Moskva (Textil-Ind.) **24** (1964) 4, S. 70–72.

Dolgova, I. M., Kuricyna, G. N., Kladnickaja, L. P., Quantitative Bestimmung von Antiblok im photoelektrischen Kolorimeter FEK-N-57. Chim. Volokna (Chem. Fasern) **6** (1964) 3, S. 65–66.

Schonhorn, H., Verallgemeinerter Weg zur Bestimmung der Adhäsion durch Ablagerung von amphipatischen Molekülen an Grenzflächen. III. Adhäsion von Polyäthylen an rostfreien Stahl. J. appl. Polymer Sci. **8** (1964) 1, S. 355–361.

Recke, D., Meßanordnung zur kontinuierlichen Farbdichtemessung von Kochsäure als Grundlage der Automatisierung des Sulfitzellstoff-Kochprozesses. Chem. Technik **16** (1964) 6, S. 354–356.

Schauss, H., Problematik der Wassergehaltsbestimmung von Feststoffen. Chemie-Ing.-Technik **36** (1964) 5, S. 469–479.

Mahler, K., Bestimmung der Restfeuchte über Gleichgewichtsdampfdruck und Sorptionsisotherme. Chemie-Ing.-Technik **36** (1964) 5, S. 461–463.

Rogorina, A. A., Kuznecova, R. E., Änderung der Eigenschaften von Viskosecord beim Einweichen in Wasser und anschließender Trocknung. Chim. Volokna (Chem. Fasern) **6** (1964) 3, S. 45–50.

Banke, K.-H., Sowjetischer Faserschnelltest für Baumwolle. Dt. Textiltechnik **14** (1964) 6, S. 297–300.

Störer, H., Bestimmung der Gebrauchseigenschaften von Bekleidungstextilien aus der Sicht des Chemiefaserherstellers. Mitt. Inst. Textiltechnol. Chemiefasern Rudolstadt **8** (1964) 2/3, S. 145–152.

Lund, J. K., Geometrische Effekte und Schnellzerreißverhalten in Styrolpolymischsystemen. J. appl. Polymer Sci. **8** (1964) 1, S. 73–87.

Abbott, B. W., Cornish, R. H., Weil, N. A., Verfahren zur Untersuchung des Einflusses der Verformungsgeschwindigkeit in sprödem Material. J. appl. Polymer Sci. **8** (1964) 1, S. 151–167.

Meltzer, Th. H., Supnik, R. H., Schnellzerreißprüfung als Kennzahl des oxydativen Abbaus von Polyäthylenharzen. J. appl. Polymer Sci. **8** (1964) 1, S. 89–100.

D'Amato, D. A., Umarbeitung eines ballistischen Geräts zur Bestimmung der Verformungsgeschwindigkeiten über 20000 in/in/min. J. appl. Polymer Sci. **8** (1964) 1, S. 197–210.

Prozorova, G. E., Untersuchung der Zusammenhänge zwischen den Bestandteilen der Deformierung, Knitterfestigkeit und der Drapierungseigenschaften der Gewebe. Izv. vysšich uč. Zav. Technol. tekstil. Prom. (Hochschulnachr. Technol. Textil-Ind.) (1964) 1, S. 26–31.

Jaroslavcev, K. V., Michalovskaja, L. O., Neue Methode zur Bestimmung der Knitterfestigkeit von Flor. Tekstil. Prom., Moskva (Textil-Ind.) **24** (1964) 4, S. 68–69.

Nestler, R., Garndrehungsbestimmung nach dem modifizierten Spannungsfühlerverfahren. Dt. Textiltechnik **14** (1964) 6, S. 322–328.

Frenzel, W., Hahn, G., Stemmler, F., Untersuchungen am selbstschreibenden Drehungszähler. Faserforsch. u. Textiltechnik **15** (1964) 7, S. 325–332.

Weiner, L. I., Pope, C. J., Korrelations- und Regressionsanalyse von Laborscheuerprüfgeräten. Textile Res. J. **34** (1964) 4, S. 371–372.

Cardillo, R. M., Dynamische Prüfung von Elastomerverbindungsstücken. J. appl. Polymer Sci. **8** (1964) 1, S. 53–71.

Goldblum, K. B., Nachweis durch Schnellzerreißprüfung. Die Festlegung der Lage eines Bereichs der Phasenänderung. J. appl. Polymer Sci. **8** (1964) 1, S. 111–117.

Laible, R. C., Schnellprüfung zur Messung des Widerstandes von Nadelfilzen gegen Durchdringung. J. appl. Polymer Sci. **8** (1964) 1, S. 283–295.

Wolstenholme, W. E., Pregun, S. E., Stark, C. F., Die Izod-Kerbschlag-Eigenschaften von Thermoplaste beeinflussenden Faktoren, gemessen mit Hilfe autographischer Kerbschlagprüfung. J. appl. Polymer Sci. **8** (1964) 1, S. 119–140.

81712

FSC
www.fsc.org
MIX
Papier | Fördert gute Waldnutzung
FSC® C083411

Zeitfracht Medien GmbH
Ferdinand-Jühlke-Straße 7
99095 Erfurt, Deutschland
produktsicherheit@kolibri360.de